防灾减灾系列教材

数字信号处理实验

武　晔　编著

清华大学出版社
北京

内 容 简 介

本书是《数字信号处理》(程乾生,2010)一书的配套实验教材,配合该书各章的教学,安排了相应的基础实验,另外,安排了课外开放实验以拓展知识面。内容包括:离散信号的产生、DFS、DTFT、DFT、FFT、采样定理、线性卷积、循环卷积、系统分析、希尔伯特变换、数字滤波器的设计及实现、线性相关、循环相关、时频分析、自适应滤波、小波变换、希尔伯特-黄变换、功率谱分析和经验模态分解等内容。本书所有基础实验和开放实验均配有 MATLAB 程序,该程序及数据可登录清华大学出版社网站(http://www.wqbook.com)免费下载,具有较强的可操作性和可移植性。

本书可供理工科各专业高年级本科生学习和掌握数字信号处理的理论与实践技术,同时也可作为研究生和工程技术人员学习数字信号处理的参考书。

图书在版编目(CIP)数据

数字信号处理实验/武晔编著.—北京:清华大学出版社,2018
(防灾减灾系列教材)
ISBN 978-7-302-51604-0

Ⅰ.①数… Ⅱ.①武… Ⅲ.①数字信号处理—实验—教材 Ⅳ.①TN911.72-33

中国版本图书馆 CIP 数据核字(2018)第 257363 号

责任编辑:佟丽霞 赵从棉
封面设计:傅瑞学
责任校对:王淑云
责任印制:刘海龙

出版发行:清华大学出版社
网 址:http://www.tup.com.cn, http://www.wqbook.com
地 址:北京清华大学学研大厦 A 座 **邮 编**:100084
社 总 机:010-62770175 **邮 购**:010-62786544
投稿与读者服务:010-62776969, c-service@tup.tsinghua.edu.cn
质量反馈:010-62772015, zhiliang@tup.tsinghua.edu.cn
印 装 者:大厂回族自治县正兴印务有限公司
经 销:全国新华书店
开 本:185mm×260mm **印 张**:12 **字 数**:291 千字
版 次:2018 年 11 月第 1 版 **印 次**:2018 年 11 月第 1 次印刷
定 价:48.00 元

产品编号:078540-01

前言

FOREWORD

《数字信号处理》(程乾生,2010)是普通高等教育"十一五"国家级规划教材,本书是与之配套的实验教材,其宗旨是让学生学习和掌握数字信号处理的基本概念、原理和方法及应用。

本书由作者集多年教授"数字信号处理"课程的教学实践和借鉴前人的研究成果编写而成,主要有以下特点:第一,立足应用型本科专业教学,注重基本概念、基本原理的验证和算法的MATLAB实现;第二,引入时频分析、小波变换、希尔伯特-黄变换、自适应滤波等方法技术,为课外小组拓展学习提供方便。

全书分两部分:第一部分根据数字信号处理的基本概念、原理及应用,共安排了16个基础实验,方便学生在实验课前上机练习,加深对理论的理解;第二部分针对常用的几种信号处理方法,共安排了6个开放实验,方便学有余力的学生分组学习。

书中没有作详细的理论推导,旨在激发读者学习数字信号处理及实验的兴趣,并由此去查阅更多的相关书籍进行学习和研究。

本书由武晔主编并负责统稿,参加编写的有顾观文、姜运芳等。本书的编写得到了防灾科技学院地震科学系万永革教授的鼓励、支持和帮助,书中实验十四至实验十七的程序由《数字信号处理的MATLAB实现》(万永革,2012)中的程序改编而成。书中部分实测数据来自防灾科技学院地震监测预测实验室。本书的出版得到了防灾科技学院教务处石建辉的大力支持和帮助,在此一并表示诚挚的谢意。

由于作者的水平有限,书中难免有疏漏和不妥之处,敬请读者批评指正。

对于本书中所有例题的参考程序,读者如有需要,可登录清华大学出版社网站(http://www.wqbook.com)免费下载。

编　者

2018年10月

目录

CONTENTS

第一部分 基础实验

第二部分　开放实验

第一部分

基础实验

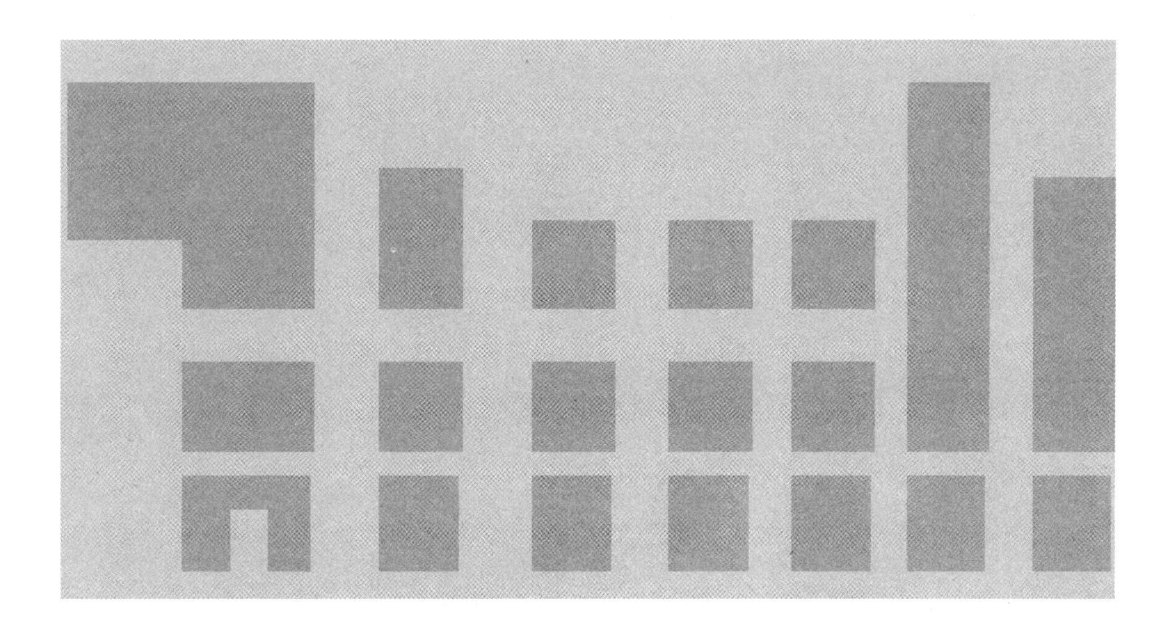

实验一

时域离散信号的产生及运算

一、实验目的

(1) 学习 MATLAB 的使用方法并理解其基本功能；

(2) 掌握产生常用时域离散信号的方法及信号的显示；

(3) 掌握基本信号的简单运算方法。

二、实验原理

1. MATLAB 的使用方法及基本功能

打开 MATLAB 软件，界面上有菜单、图标、小窗口，常用的为命令窗口（command window），可以在该窗口中输入命令，执行后可以在工作空间窗口（workspace window）中观察变量发生的变化；更常用的窗口为编辑窗口（edit window），通常将程序代码写在该窗口内，执行后，可以在工作空间窗口中观察变量的取值。

读者可以做以下两个小练习：

(1) 单击界面内各个子菜单，了解其功能。

(2) 在命令窗口中输入自己熟悉的命令，按 Enter 键执行后，观察工作空间窗口中变量的取值变化。

2. 常用离散信号的产生

【例 1-1】 离散指数信号通常表示为

$$x(n) = a^n$$

用 MATLAB 中的 stem 函数绘出 0.8^n 序列，n 的取值为 0～20。

程序如下：

```
%Lab1_1.m
n=[0:3:20];                          %给出序号序列
x=(0.8).^n;                          %给出值序列
stem(n,x);                           %以序号序列和值序列进行绘图
```

```
xlabel('n');ylabel('x(n)');                          % 必要的标记
```

将上述代码输入编辑窗口，保存后单击 run 图标，结果如图 1-1 所示。

【例 1-2】 离散正弦序列表示为

$$x(n) = K\sin(\omega_0 n + \theta_0)$$

试绘制 $x(n)=2\sin\left(0.02\pi n+\frac{\pi}{4}\right)$序列。

程序如下：

```
% Lab1_2.m
n = [0:10:100];                             % 给出序号序列
x = 2 * sin(0.02 * pi * n + pi/4);          % 给出值序列
stem(n,x);                                  % 绘制离散图
xlabel('n');ylabel('x(n)');                 % 必要标记
```

程序运行结果如图 1-2 所示。

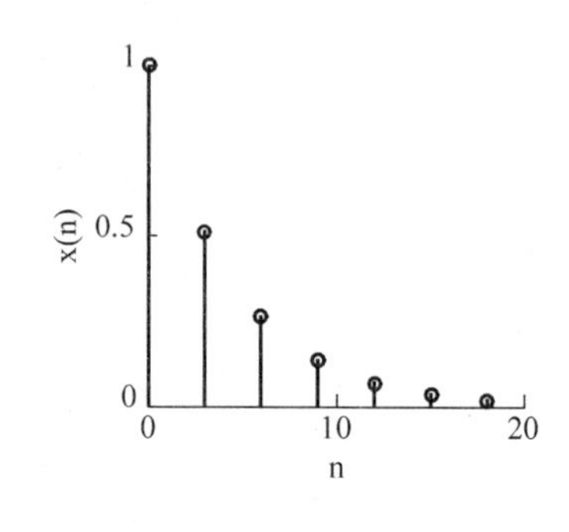

图 1-1　0.8^n 序列

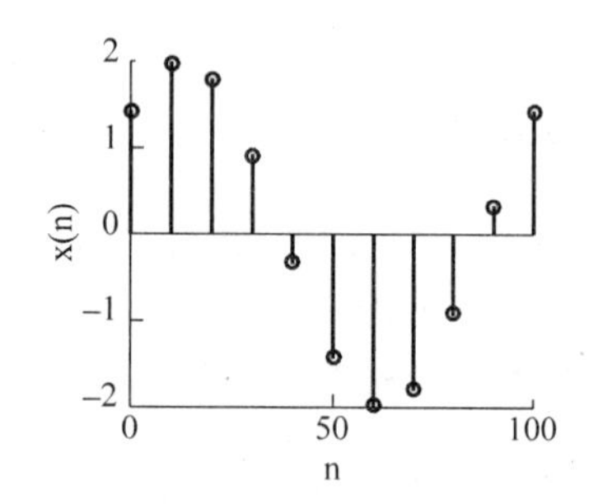

图 1-2　$x(n)=2\sin\left(0.02\pi n+\frac{\pi}{4}\right)$序列

【例 1-3】 单位阶跃信号的离散形式为

$$u(n) = \begin{cases} 0, & n < 0 \\ 1, & n \geqslant 0 \end{cases}$$

用序号序列自$-5\sim5$ 表示单位阶跃信号。

程序如下：

```
% Lab1_3.m
n0 = 0;
n1 = - 5;
n2 = 5;
n = [n1:n2];                  % 给出序号序列
x = [(n - n0)> = 0];          % 给出值序列,应注意只有当 n - n0 > = 0 时值才为 1,否则为 0
stem(n,x);                    % 绘出离散序列
xlabel('n');ylabel('x(n)');
```

程序运行结果如图 1-3 所示。

【例 1-4】 斜坡信号为

$$r(n) = \begin{cases} 0, & n < 0 \\ n, & n \geqslant 0 \end{cases}$$

用 1s 的采样间隔自 0～10 采样，绘出离散斜坡信号。

程序如下：

```
%Lab1_4.m
n1 = 0;n2 = 10;                    %设置起始和终止值
n = [n1:1:n2];                     %以 1s 的时间间隔给出时间序列
x = n;                             %得到斜坡信号
stem(n,x)
xlabel('n');ylabel('x(n)');
```

程序运行结果如图 1-4 所示。

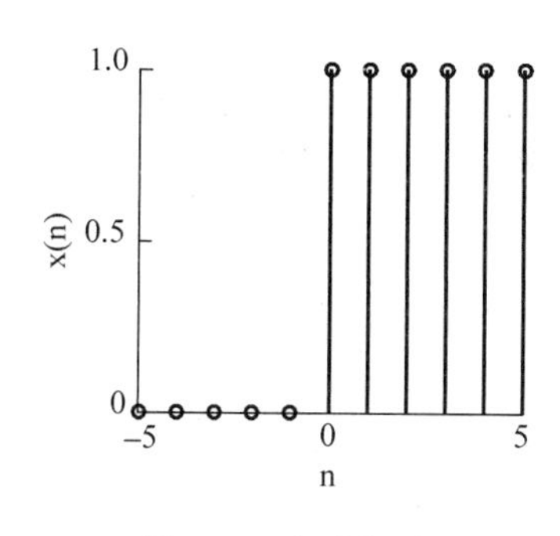

图 1-3　阶跃序列

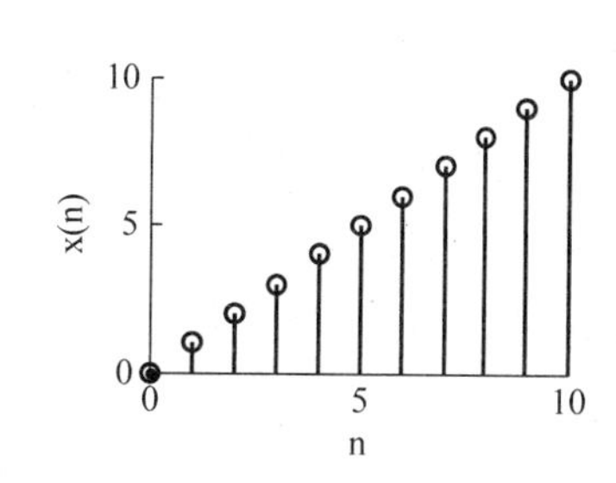

图 1-4　斜坡序列

【例 1-5】 符号转换函数表示为

$$\mathrm{sgn}(t)=\begin{cases}1, & t<0\\ -1, & t>0\end{cases}$$

用序号序列自－5～5 表示单位阶跃信号。

程序如下：

```
%Lab1_5.m
n0 = 0;
n1 = - 5;
n2 = 5;
nn = [n1:n2];
for n = n1:n2
if (n - n0)< 0
   x(n + 6) = - 1;
else
   x(n + 6) = 1;
end
end
x(6) = 0;
stem(nn,x);
xlabel('n');ylabel('x(n)');
```

程序运行结果如图 1-5 所示。

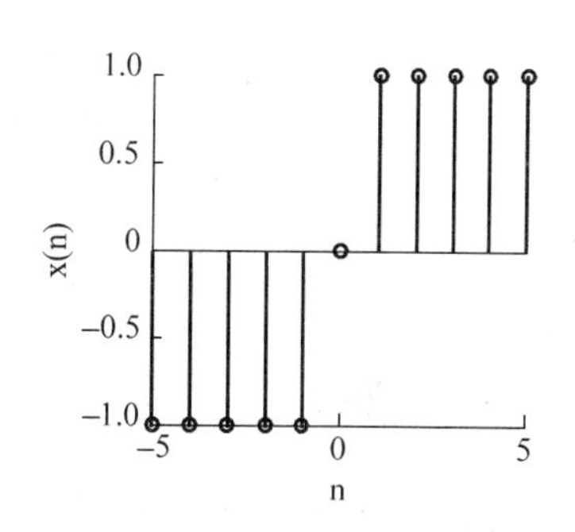

图 1-5　符号序列

【例 1-6】 离散脉冲信号可用下式表示：

$$\delta(n)=\begin{cases}1, & n=0\\ 0, & n\neq 0\end{cases}$$

用序号序列自－20～20 表示单位脉冲信号。

程序如下：

```
% Lab1_6.m
n0 = 0;
n1 = - 20;
n2 = 20;
n = [n1:n2];                        % 序号序列
x = [(n - n0) == 0];                % 值序列，应注意只有当 n - n0 = 0 时值才为 1，否则为 0
stem(n,x)                           % 绘出离散序列
xlabel('n');ylabel('x(n)');
```

程序运行结果如图 1-6 所示。

【例 1-7】 sinc 信号可表示为

$$\mathrm{sinc}(n)=\frac{\sin n}{n}$$

用 0.1s 的采样间隔自－10～10s 采样，绘出离散 sinc 信号。

程序如下：

```
% Lab1_7.m
n = - 10:0.1:10;                    % 给出自变量序列值
x = sin(pi * n + eps)./(pi * n + eps);   % eps 是 MATLAB 系统的精度，这里防止被零除
plot(n,x);                          % 绘图
xlabel('n');ylabel('x(n)');
```

程序运行结果如图 1-7 所示。

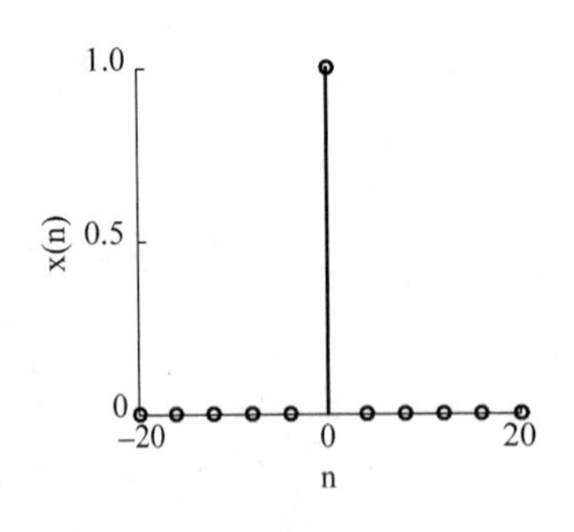

图 1-6　脉冲序列

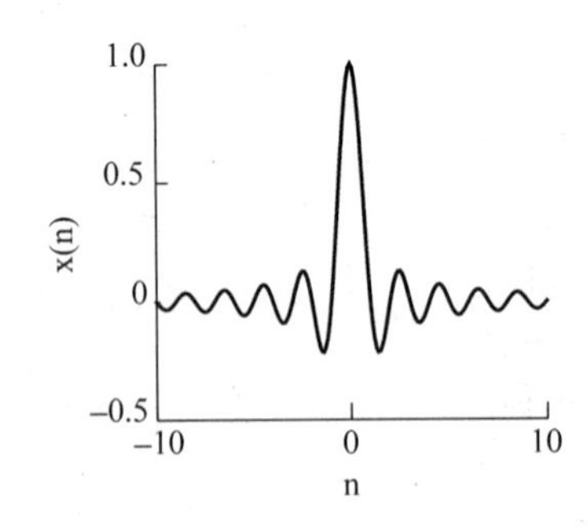

图 1-7　sinc 序列

【例 1-8】 复指数信号(complex exponential signal)可表示为

$$f(n)=\mathrm{e}^{(\sigma+\mathrm{j}\omega)n}=\mathrm{e}^{\sigma n}(\cos\omega n+\mathrm{j}\sin\omega n)$$

用 0～40 间隔为 5 的序号序列，绘出离散 $f(n)=\mathrm{e}^{(-0.2+\mathrm{j}0.4)n}$ 的实部信号、虚部信号、振幅信号、相位信号信息。

程序如下：

```
%Lab1_8.m
clf                                          %清除绘图板
n=[0:5:40];                                  %给出序号序列
alpha=-0.2+0.4*j;                            %给出指数序列
x=exp(alpha*n);                              %给出复指数信号
Real=real(x);                                %取复指数信号的实部
Imag=imag(x);                                %取复指数信号的虚部
Mag=abs(x);                                  %取复指数信号的振幅
Pha=(180/pi)*angle(x);                       %取复指数信号的相位,转化为度
subplot(2,2,1),stem(n,Real);                 %绘制复指数信号的实部
ylabel('Real');
subplot(2,2,2),stem(n,Imag);                 %绘制复指数信号的虚部
ylabel('Imag');
subplot(2,2,3),stem(n,Mag);                  %绘制复指数信号的振幅
xlabel('n');ylabel('Mag');
subplot(2,2,4),stem(n,Pha);                  %绘制复指数信号的相位
xlabel('n');ylabel('Pha');
```

程序运行结果如图 1-8 所示。

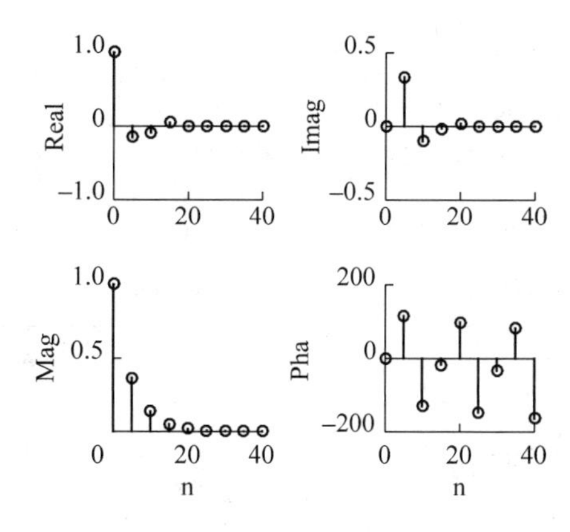

图 1-8 复指数序列

【例 1-9】 随机序列指的是离散随机信号,常用来模拟随机噪声。MATLAB 函数库中提供了 rand 和 randn 函数,可以生成随机信号,其中,

rand(1,n)产生 1 行 n 列在[0,1]上均匀分布的随机序列函数。

randn(1,n)产生 1 行 n 列均值为 0、方差为 1 的高斯随机序列,即白噪声序列。

试绘出序号序列自 1~100 间隔为 10 的随机信号。

程序如下:

```
%Lab1_9.m
n=1:10:100;                                  %序号序列
N=length(n);
x1=rand(1,N);                                %rand 产生的随机值序列
subplot(2,1,1),stem(n,x1);hold on;plot(n,zeros(1,N)); %绘制随机序列
ylabel('x1(n)');
x2=randn(1,N);                               %randn 产生的随机值序列
```

```
subplot(2,1,2),stem(n,x2);hold on;plot(n,zeros(1,N)); %绘制横轴
xlabel('n');ylabel('x2(n)');
```

程序运行结果如图 1-9 所示。

3. 离散信号的基本运算

1) 信号时移

给定 $x(n)$,$y(n)=x(n-k)$称为 $x(n)$的移位序列。当 $k>0$ 时,称为延时序列,原序列右移;当 $k<0$ 时,称为超前序列,原序列左移。

【例 1-10】 将序列 $x=\sin(2\pi n/15)$移位为 $x=\sin(2\pi(n+4)/15)$和 $x=\sin(2\pi(n-4)/15)$。

程序如下:

```
%Lab1_10.m
n = -10:10;
k1 = 4;
k2 = -4;
x = sin(2*pi*n/15);
x1 = sin(2*pi*(n-k1)/15);
x2 = sin(2*pi*(n-k2)/15);
subplot(311),stem(n,x);ylabel('x(n)');
subplot(312),stem(n,x1);ylabel('x1(n)');
subplot(313),stem(n,x2);xlabel('n');ylabel('x2(n)');
```

程序运行结果如图 1-10 所示。

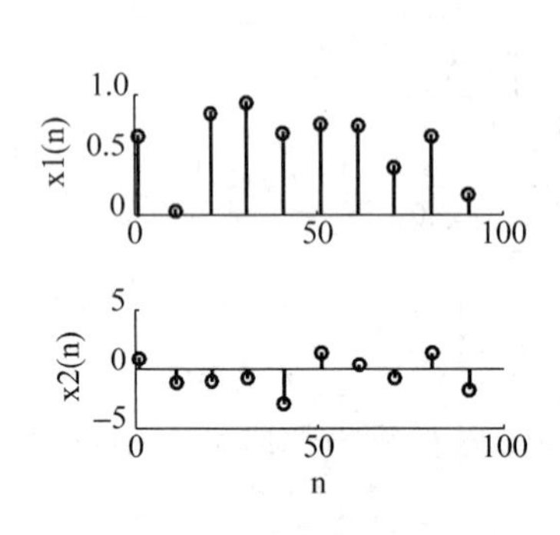

图 1-9 随机序列

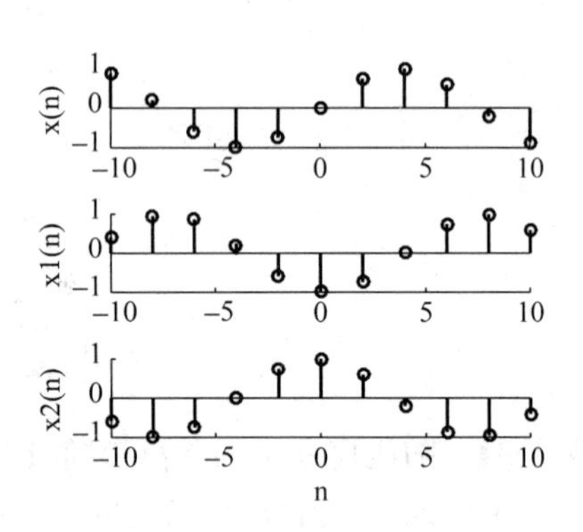

图 1-10 随机序列

2) 信号折叠

给定 $x(n)$,$y(n)=x(-n)$称为 $x(n)$的折叠序列。

【例 1-11】 将信号 $x=\exp(-0.6n)$进行折叠。

程序如下:

```
%Lab1_11.m
n = -10:5;
x = exp(-0.6*n);                    %x是原始序列
x1 = fliplr(x);                     %x1是折叠后的序列
n1 = -fliplr(n);
```

```
subplot(211),stem(n,x);ylabel('x(n)');
subplot(212),stem(n1,x1);xlabel('n');ylabel('x1(n)');
```

程序运行结果如图 1-11 所示。

3) 信号尺度改变

给定 $x(t)$，$y(t)=x(at)$称为 $x(t)$的不同尺度序列。

【例 1-12】 试将信号 $y=\sin t$ 的周期分别扩展两倍和压缩一半。

程序如下：

```
% Lab1_12.m
n = -63:63;
dt = 0.1;t = n * dt;
y = sin(t);                    % y 是原始信号
y1 = sin(2 * t);               % y1 是周期压缩一半的信号
y2 = sin(0.5 * t);             % y2 是周期扩展 2 倍的信号
subplot(3,1,1),plot(n,y1);
subplot(3,1,2),plot(n,y);
subplot(3,1,3),plot(n,y2);
```

程序运行结果如图 1-12 所示。

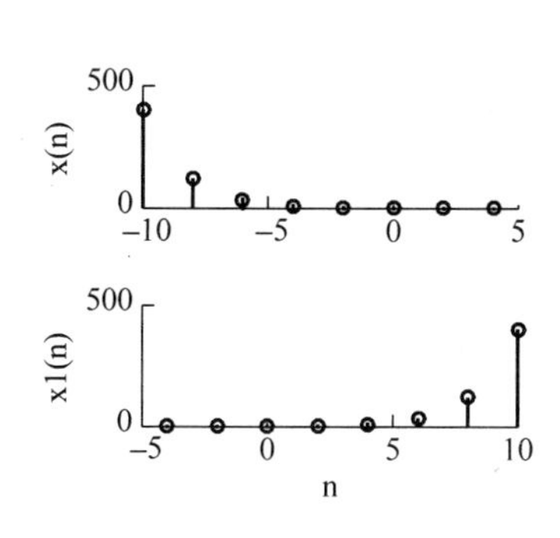

图 1-11　信号折叠

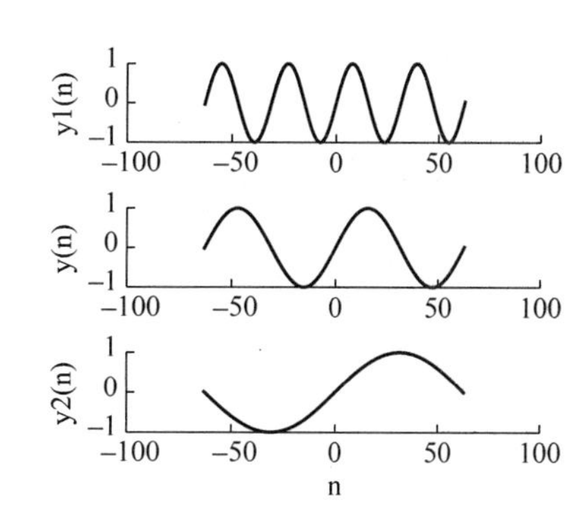

图 1-12　信号压缩、扩展

4) 信号相加、相乘

给定两个序列 $x_1(n)$、$x_2(n)$，定义 $y(n)=x_1(n)+x_2(n)$为和序列，定义 $y(n)=x_1(n)*x_2(n)$为积序列。

【例 1-13】 构造两个序列，进行相加和相乘运算。

程序如下：

```
% Lab1_13.m
x1 = [2,1,2,3,4,3,2,1,3];nx1 = -2;
x2 = [2,2,0,0,0,-2,-2];nx2 = 2;
nf1 = nx1 + length(x1) - 1;
nf2 = nx2 + length(x2) - 1;
ny = min(nx1,nx2):max(nf1,nf2);
xx1 = zeros(1,length(ny));xx2 = xx1;
xx1(find((ny >= nx1)&(ny <= nf1) == 1)) = x1;
```

```
xx2(find((ny>=nx2)&(ny<=nf2)==1))=x2;
ya=xx1+xx2;
yp=xx1.*xx2;
subplot(411),stem(ny,xx1);ylable('xx1(n)');
subplot(412),stem(ny,xx2);ylabel('xx2(n)');
subplot(413),stem(ny,ya);ylabel('ya(n)');
subplot(414),stem(ny,yp);xlabel('ny');ylabel('yp(n)');
```

程序运行结果如图 1-13 所示。

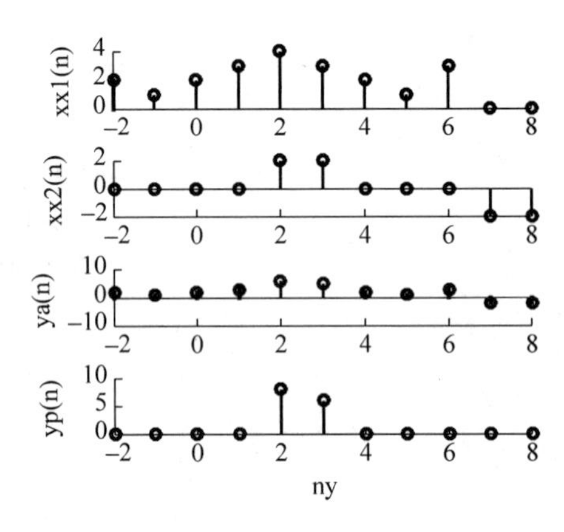

图 1-13 信号相加、相乘

【例 1-14】 画出序列 $x(n)=3\delta(n+3)-\delta(n-4)$，$-5\leqslant n\leqslant 5$。
程序如下：

```
% Lab1_14.m
n=[-5:5];
x=3*imp(-3,-5,5)-imp(4,-5,5);
stem(n,x);
xlabel('n');
ylabel('x(n)');

function [x,n]=imp(n0,n1,n2)
% generates x(n)=delta(n-n0);n1<=n<=n2
n=[n1:n2];x=[(n-n0)==0];
end
```

程序运行结果如图 1-14 所示。

【例 1-15】 画出序列 $x(n)=u(n-5)-u(n-15)$，$0\leqslant n\leqslant 20$。
程序如下：

```
% Lab1_15.m
n0=10;n1=0;n2=30;n=n1:n2;
x=step(n0,n1,n2)-step(20,n1,n2);
stem(n,x);
xlabel('n');ylabel('x(n)');
```

```
function [x,n] = step(n0,n1,n2)
 % generates x(n) = u(n - n0);n1 <= n <= n2
 % ------------------------------------
 % [x,n] = step(n0,n1,n2)
n = [n1:n2];x = [(n - n0)>= 0];
end
```

程序运行结果如图 1-15 所示。

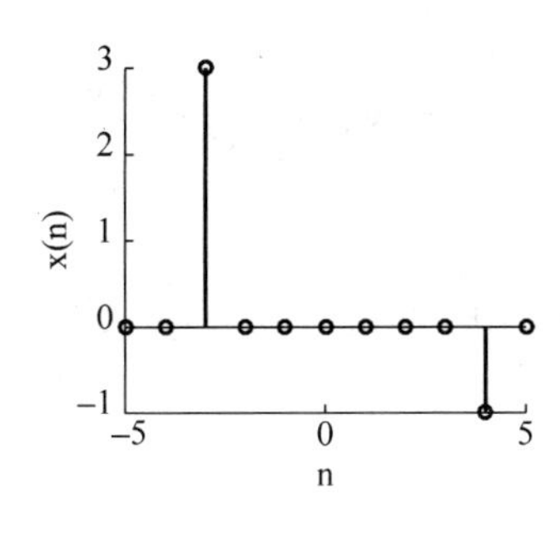

图 1-14　序列 $x(n)=3\delta(n+3)-\delta(n-4)$，$-5\leqslant n\leqslant 5$

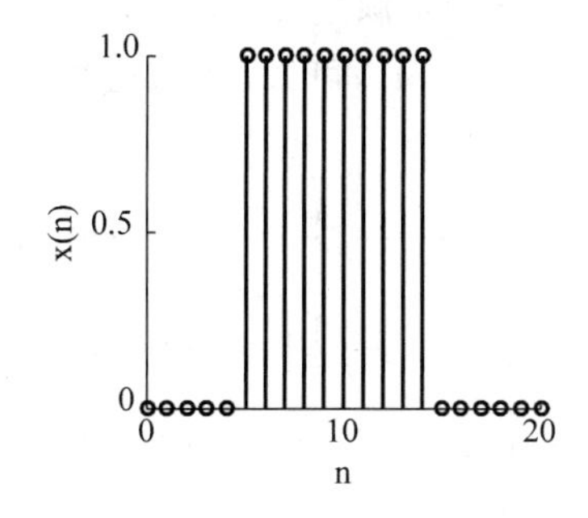

图 1-15　序列 $x(n)=u(n-5)-u(n-15)$，$0\leqslant n\leqslant 20$

【例 1-16】　序列 $x(n)=\{1,2,3,4,5,6,7,8,7,6,5,4,3,2,1\}$，$-3\leqslant n\leqslant 11$，试画出序列 $y(n)=x(n-5)-2x(n+4)$。

程序如下：

```
 % Lab1_16.m
n = - 3:11;
x = [1:8,7: - 1:1];
[x1,n1] = sigshift(x,n,5);
[x2,n2] = sigshift(x,n, - 4);
[y,ny] = sigadd(x1,n1, - 2 * x2,n2);
subplot(311),stem(n1,x1);
xlim([ - 10 20]);ylim([ - 20 10]);ylabel('x1(n)')
subplot(312),stem(n2,x2);
xlim([ - 10 20]);ylim([ - 20 10]);ylabel('x2(n)')
subplot(313),stem(ny,y);
xlabel('n');ylabel('y(n)')

function [y,n] = sigshift(x,m,k)
 % implements y(n) = x(n - k)
 % ------------------------------------
n = m + k;y = x;
end

function [y,n] = sigadd(x1,n1,x2,n2)
n = min(min(n1),min(n2)):max(max(n1),max(n2));          % duration of y(n)
y1 = zeros(1,length(n));y2 = y1;
y1(find((n >= min(n1))&(n <= max(n1)) == 1)) = x1;
y2(find((n >= min(n2))&(n <= max(n2)) == 1)) = x2;
```

```
y = y1 + y2;                                    % sequence addition
end
```

程序运行结果如图 1-16 所示。

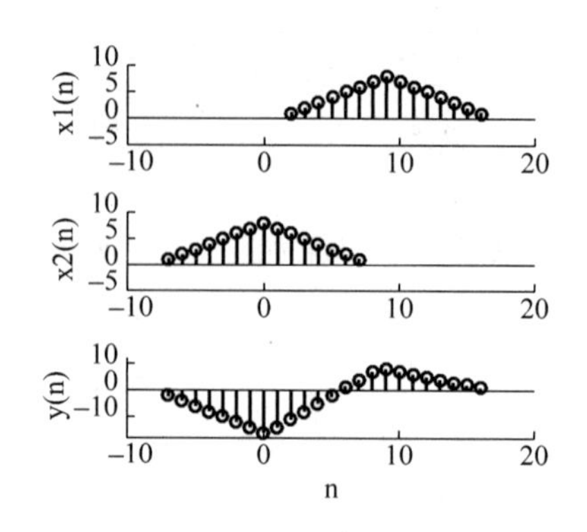

图 1-16　序列 $y(n)=x(n-5)-2x(n+4)$

5）信号奇偶分解

任何实离散信号 $x(n)$均可分解为一个偶信号 $x_e(n)$和一个奇信号 $x_o(n)$之和，即 $x(n)=x_o(n)+x_e(n)$。而偶向量满足 $x_e(n)=x_e(-n)$，奇向量满足 $x_o(n)=-x_o(-n)$，可知，任何信号都可进行奇偶分解，分解方法如下：

$$x_e(n)=\frac{1}{2}[x(n)+x(-n)],$$

$$x_o(n)=\frac{1}{2}[x(n)-x(-n)]。$$

下面的 evenodd 函数可实现信号的奇偶分解。

```
function [xe, xo, m] = evenodd(x,n)
% 将实序列信号分解为奇函数部分和偶函数部分
% 调用方式:[xe, xo, m] = evenodd(x,n)
%
if any(imag(x) ~= 0)                            % 判断是否为实信号序列
  error('x is not a real sequence');
end
m = -fliplr(n);                                 % 将序号翻转
m1 = min([m,n]); m2 = max([m,n]); m = m1:m2;    % 创建新信号序列
nm = n(1) - m(1); n1 = 1:length(n);
x1 = zeros(1,length(m));                        % 创建空序列
x1(n1 + nm) = x; x = x1;
xe = 0.5 * (x + fliplr(x));                     % 求得偶函数序列
xo = 0.5 * (x - fliplr(x)); % 求得奇函数序列
end
```

【例 1-17】 设单位阶跃序列

$$u(n)=\begin{cases}0, & -20\leqslant n<0\\ 1, & 0\leqslant n\leqslant 20\end{cases}$$

将其分解为偶分量和奇分量。

程序如下：

```
% Lab1_17.m
clf
n0 = 0;
n1 = -20;
n2 = 20;n = [n1:n2];                    % 序号序列
x = [(n - n0)> = 0];                    % 阶跃信号值序列
subplot(311)
stem(n,x);                              % 绘出阶跃信号
```

```
xlabel('n');ylabel('x(n)');
[xeven,xodd,m] = evenodd(x,n);                %进行奇偶分解得到偶序列 xeven 和奇序列 xodd
subplot(312)
stem(m,xeven);                                %绘制偶序列图
xlabel('m');ylabel('xe(n) ');
subplot(313)
stem(m,xodd);                                 %绘制奇序列图
xlabel('m');ylabel('xo(n)');
```

程序运行结果如图 1-17 所示。

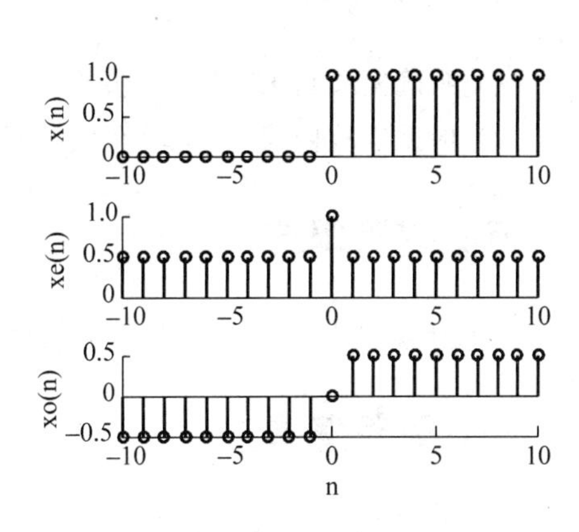

图 1-17　信号奇偶分解

6）有限信号的累加

该运算是将 $n_1 \sim n_2$ 之间的全部信号值加起来，如

$$\sum_{n=n_1}^{n_2} x(n) = x(n_1) + \cdots + x(n_2)$$

函数调用方法：sum(x(n1:n2))。

7）有限信号的乘积

该运算是将 $n_1 \sim n_2$ 之间的全部信号值相乘，如

$$\prod_{n_1}^{n_2} x(n) = x(n_1) \times \cdots \times x(n_2)$$

函数调用方法：prod(x(n1:n2))。

8）信号的能量

一个序列的能量定义为

$$\varepsilon_x = \sum_{-\infty}^{\infty} x(n) x^*(n) = \sum_{-\infty}^{\infty} |x(n)|^2$$

函数调用方法：

sum(x. * conj(x))

sum(abs(x).^2)

9）信号的功率

周期为 N 的周期序列 $\overline{X}(n)$ 的平均功率为

$$P_x = \frac{1}{N} \sum_{n=1}^{N} |\overline{X}(n)|^2$$

三、实验内容

(1) 绘制下列各时间序列波形图，其中 n 自 $-10 \sim 10$。

① $x(n)=\left(\frac{1}{2}\right)^n u(n)$；② $x(n)=(-2)^n u(n)$；③ $x(n)=(2)^n u(n-1)$

(2) 给定序列 $x(n)=\mathrm{e}^{(0.1-\mathrm{j}0.3)n}$，其中 n 自 $-10 \sim 10$，试用 MATLAB 生成复指数序列，并绘出振幅序列、相位序列、实部序列、虚部序列。

(3) 已知信号 x 的序号序列为[−4 −3 −2 −1 0 1 2],值序列为[1 −2 4 6 −5 8 10],产生并画出下列序列的样本。

① $x_1(n)=3x(n+4)+x(n-4)-2x(n)$;

② $x_2(n)=x(n+4)x(n-1)+x(2-n)x(n)$;

③ $x_3(n)=2x(n)+\cos(0.1\pi n)x(n+2)$。

四、实验预习

(1) 明确实验目的,学习实验原理,参考实验例题程序,复习基本运算的知识。

(2) 根据实验内容,预先编写实验程序。

五、实验报告

列出并打印正确的实验程序和对应的图形曲线结果。

六、实验参考

下面是常用的 MATLAB 函数,这里列出来方便读者参考。

1. abs

功能:求绝对值。

调用方法;y=abs(x)

2. plot

功能:绘制二维图形。

调用方法:plot(x,y)

(1) 线型:

实线 −

虚线 :

点画线 −.

双画线 −−

(2) 颜色:

蓝色 b

绿色 g

红色 r

青色 c

品红色 m

黄色 y

墨色 k

白色 w

（3）标记符号：

点　　　　　.

圆圈　　　　。

叉号　　　　×

加号　　　　＋

星号　　　　*

方块符　　　s

菱形符　　　d

朝下三角符　v

朝上三角符　^

朝左三角符　〈

朝右三角符　〉

五角星符　　p

六角星符　　h

3．stem

功能：绘制杆图。

调用方法：stem(x,y)

4．stairs

功能：绘制阶梯图。

调用方法：stairs(x,y)

5．subplot

功能：建立子图。

调用方法：subplot(m,n,i)

6．title

功能：标注图名。

调用方法：title('string')

7．xlabel

功能：横坐标标注。

调用方法：xlabel('string')

8．ylabel

功能：标注纵坐标。

调用方法：ylabel('string')

9．axis

功能：限定图形范围。

调用方法：axis([x1,x2,y1,y2])

10．length

功能：求变量的长度。

调用方法：N=length(n)

11. real

功能：求复数的实部。

调用方法：real(c)

12. imag

功能：求复数的虚部。

调用方法：imag(c)

13. sinc

功能：产生 sinc 函数。

调用方法：y=sinc(t)

14. rand

功能：产生 rand 随机信号。

调用方法：x=rand(n,m)

15. find

功能：寻找非零元素的索引号。

调用方法：find((n1 >=min(n1)&(n <=max(n1))))

16. fliplr

功能：对矩阵行元素进行左右翻转。

调用方法：x1=fliplr(x)

17. polar

功能：极坐标图的绘制

调用方法：polar(theta,rho,linespec)

18. contour

功能：等值线图的绘制

调用方法：[X,Y]=meshgrid(-2:2:2,-2:2:2);

Z=X. * exp(-X.^2-Y.^2);

contour(X,Y,Z,20)

19. LaTeX 字符

\alpha	α
\beta	β
\gamma	γ
\delta	δ
\theta	θ
\lambda	λ
\xi	ξ
\pi	π
\omega	ω
\sigma	σ
\phi	ϕ
\psi	ψ

\rho	ρ
\mu	μ
\nu	ν
\epsilon	ε
\eta	η
\Delta	Δ
\Sigma	Σ
\tau	τ
\zeta	ζ

实验二

信号的合成与离散傅里叶级数

一、实验目的

(1) 通过本次实验,加深对离散傅里叶级数(discrete Fourier series, DFS)和逆离散傅里叶级数(inverse discrete Fourier series, IDFS)的理解;

(2) 熟练地利用 DFS 对周期序列进行频谱分析;

(3) 熟练编写 MATLAB 程序代码,实现对信号的 DFS 和 IDFS 计算。

二、实验原理

1. 周期连续信号 $x(t)$的实数傅里叶级数分解式

周期($T=2l$)连续信号 $x(t)$的实数傅里叶级数(Fourier series, FS)分解式为

$$x(t)=\frac{b_0}{2}+\sum_{k=1}^{\infty}\left(a_k\sin\frac{2\pi kt}{T}+b_k\cos\frac{2\pi kt}{T}\right) \tag{2-1}$$

其中,

$$b_0=\frac{1}{l}\int_{-l}^{l}x(t)\mathrm{d}t, a_k=\frac{1}{l}\int_{-l}^{l}x(t)\sin\frac{k\pi t}{l}\mathrm{d}t, b_k=\frac{1}{l}\int_{-l}^{l}x(t)\cos\frac{k\pi t}{l}\mathrm{d}t$$

2. 周期序列 $x(n)$的实数 FS 分解式

周期序列 $x(n)$的实数 FS 分解式为

$$x_i=\frac{b_0}{2}+\sum_{k=1}^{N/2}\left(a_k\sin\frac{2\pi ki}{N}+b_k\cos\frac{2\pi ki}{N}\right) \tag{2-2}$$

其中,

$$a_0=\frac{2}{N}\sum_{i=0}^{N-1}x_i,\quad a_k=\frac{2}{N}\sum_{i=0}^{N-1}x_i\cos\frac{2\pi ki}{N}$$

$$b_k=\frac{2}{N}\sum_{i=0}^{N-1}x_i\sin\frac{2\pi ki}{N},\quad k=1,2,\cdots,N/2$$

3. 周期连续信号 $x(t)$的复数 FS 分解定理

周期连续信号 $x(t)$的复数 FS 分解定理如下:

$$
\begin{cases}
x(t)=\sum\limits_{n=-\infty}^{\infty} c_k \mathrm{e}^{\mathrm{j}2\pi k f_0 t} \\
f_0=1/T \\
c_k=\dfrac{1}{T}\displaystyle\int_{t_0}^{t_0+T} x(t)\mathrm{e}^{-\mathrm{j}2\pi k f_0 t}\mathrm{d}t
\end{cases}
\tag{2-3}
$$

4. 周期序列 $x(n)$的复数 FS 分解定理

周期序列 $x(n)$的复数 FS 分解定理如下：

$$
\begin{cases}
\text{DFS: } \widetilde{X}(k)=N\widetilde{C}(k)=\sum\limits_{n=0}^{N-1}\widetilde{x}(n)\mathrm{e}^{-\mathrm{j}\frac{2\pi}{N}kn} \\
\text{IDFS: } \widetilde{x}(n)=\dfrac{1}{N}\sum\limits_{k=0}^{N-1}\widetilde{X}(k)\mathrm{e}^{\mathrm{j}\frac{2\pi}{N}kn}
\end{cases}
\tag{2-4}
$$

5. 周期序列离散傅里叶级数的特点

(1) 对连续周期信号进行傅里叶分析时，傅里叶系数的个数为无穷多，而对离散周期序列(周期为 N)进行傅里叶分析时，傅里叶系数的个数为 N 个。

(2) 周期序列的频谱也是一个以 N 为周期的周期序列。考察式(2-4)中的 IDFS，在一个周期内取 N 个观测数据，即$\{x_0,x_1,x_2,\cdots,x_{N-1}\}$，则由上述方程可以列出 N 个方程式，$X(k)$为方程组的解。因为 N 个方程最多只能确定 N 个未知数，可见 k 最大只能取 N。

6. 离散周期序列傅里叶级数变换对子程序

离散傅里叶级数子程序 dfs 及逆傅里叶级数子程序 idfs 见下面 MATLAB 代码。

```
function [Xk] = dfs(x,N)
n = [0:1:N-1];
k = [0:1:N-1];
WN = exp(-j*2*pi/N);
nk = n'*k;
W = WN .^ nk;
Xk = x * W;

function [xn] = idfs(X,N)
n = [0:1:N-1];
k = [0:1:N-1];
WN = exp(-j*2*pi/N);
nk = n'*k;
W = WN .^(-nk);
xn = (X * W)/N;
```

【例 2-1】 将振幅为 1 的 1Hz 正弦波、振幅为 0.5 的 5Hz 正弦波和振幅为 0.5 的 15Hz 正弦波相加后进行傅里叶分析，研究能否从中分析出含有这两种频率的信号。

```
%Lab2_1.m
clear all                                     %将工作空间中的所有变量清除
N=256;dt=0.02;                                %数据的个数和采样间隔
n=0:N-1;t=n*dt;                               %序号序列和时间序列
x=sin(2*pi*t)+0.5*sin(2*pi*5*t) +0.5*sin(2*pi*15*t);
                                              %信号相加得到的合成信号
m=floor(N/2)+1;                               %分解 a、b 的最大序号值，为分解的 N/2 个参
                                               数再加参数 a0
```

```
                                                 % floor 函数为向下取整
a = zeros(1,m);b = zeros(1,m);                   % 产生 a、b 两个为零的序列
for k = 0:m - 1
    for ii = 0:N - 1
        a(k + 1) = a(k + 1) + 2/N * x(ii + 1) * cos(2 * pi * k * ii/N);   % a_k = 2/N Σ_{i=0}^{N-1} x_i cos(2πki/N)
        b(k + 1) = b(k + 1) + 2/N * x(ii + 1) * sin(2 * pi * k * ii/N);   % b_k = 2/N Σ_{i=0}^{N-1} x_i sin(2πki/N)
    % MATLAB 中的数组序号只能从 1 开始
    end
    c(k + 1) = sqrt(a(k + 1).^2 + b(k + 1).^2);      % c_k = sqrt(a_k^2 + b_k^2)
end
subplot(2,1,1),plot(t,x);xlabel('t')             % 绘出时间域信号
ylabel('x(t)');
f = (0:m - 1)/(N * dt);                          % 频率变量
subplot(2,1,2),plot(f,c);
xlabel('f'),ylabel('c(f)');
```

程序运行结果如图 2-1 所示。

【例 2-2】 由例 2-1 计算得到的傅里叶系数，重构原始信号。

程序如下：

```
% Lab2_2.m
if(mod(N,2)~ = 1)a(m) = a(m)/2; end               % 此时 b(m)为零,a(m)减半
for ii = 0:N - 1
    xx(ii + 1) = a(1)/2;
    for k = 1:m - 1
        xx(ii + 1) = xx(ii + 1) + a(k + 1) * cos(2 * pi * k * ii/N) + b(k + 1) * sin(2 * pi * k * ii/N);
% x_i = a_0/2 + Σ_{k=1}^{m} (a_k cos(2πki/N) + b_k sin(2πki/N))
    end
end
subplot(2,1,1),
plot((0:N - 1) * dt,x);                           % 绘制原始信号 x
ylabel('x(t)');
subplot(2,1,2),
plot((0:N - 1) * dt,xx);                          % 绘制重构信号 xx
xlabel('t'); ylabel('xx(t)');
```

在不清除 Lab2_1 程序运行所得变量情况下，运行 Lab2_2 程序，可得结果如图 2-2 所示。

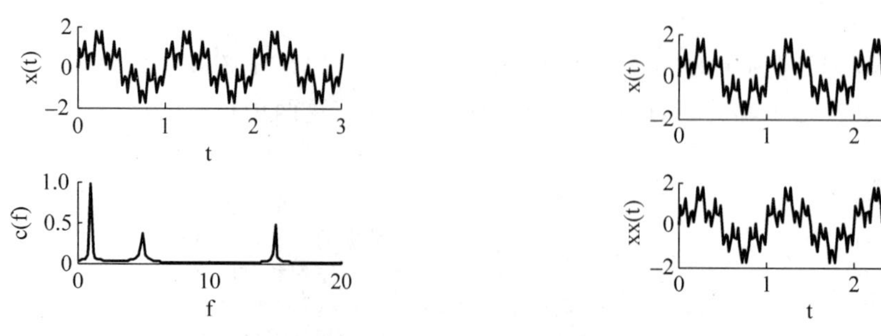

图 2-1 将 1Hz、5Hz 和 15Hz 的正弦振动合成后进行实数 FS 分析的结果

图 2-2 原始信号 $x(t)$ 与重构信号 $xx(t)$ 对比

【例 2-3】　已知序列 $x(n)=\cos(0.4\pi n)+\cos(0.46\pi n)$，$n=0\sim 99$，试绘制 $x(n)$及其傅里叶变换的幅值图，并用变换后的数值求解逆变换。其中采样频率为 1s。

程序如下：

```
clf
N = 100;dt = 1;
n = 0:N - 1; t = n * dt;
xn = cos(2 * pi * 0.2 * t) + cos(2 * pi * 0.23 * t);
k = 0:N - 1;
Xk = xn * exp( - j * 2 * pi * n' * k/N);
magXk = abs(Xk);phaXk = angle(Xk);
subplot(3,1,1),plot(t,xn); xlabel('t ')
ylabel('x(t)');
xx = (Xk * exp(j * 2 * pi * n' * k/N))/N;
x = real(xx);
subplot(3,1,2),plot(t,x),xlabel('时间/s'),title('IDFS 重构合成信号')
ylabel('xx(t)');
k = 0:length(magXk) - 1;
f = k/(N * dt);
Mag = magXk * 2/N;
subplot(3,1,3),plot(f,Mag);
xlabel('f');ylabel('Mag(f)');
```

程序运行结果如图 2-3 所示。

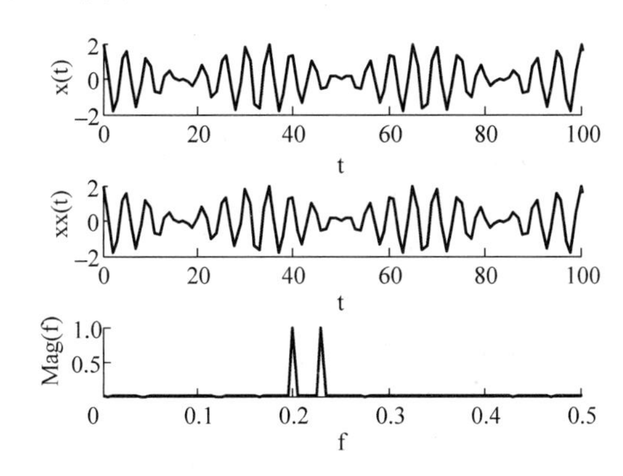

图 2-3　原始信号与重构信号对比及原始信号的振幅谱

【例 2-4】　构造一个周期序列，并对其进行 DFS 分解和 IDFS 重构。

程序如下：

```
% Lab2_4.m
clear all
N = 8;
x1 = [ones(1,N/2),zeros(1,N/2)];
x1 = [x1];
n = 0:N - 1;
k = 0:N - 1;
Xk = x1 * exp( - j * 2 * pi * n' * k/N);
```

```
x = (Xk * exp(j * 2 * pi * n' * k/N))/N;
% %
figure(1)
subplot(221),stem(n,x1,'linewidth',4);
ylim([0 1.1]);
xlim([0 7]);
ylabel('x1(n)','fontsize',16);
grid on;
mag1 = 2 * abs(Xk)/N
subplot(222),stem(k,mag1,'linewidth',4);
ylabel('mag1','fontsize',16);
grid on;
set(gca,'fontsize',16);
xx1 = abs(x);
subplot(223),stem(n,xx1,'linewidth',4);
ylim([0 1.1]);
xlim([0 7]);
xlabel('n','fontsize',16);
ylabel('xx1(n)','fontsize',16);
grid on;
pha1 = angle(Xk);
subplot(224),stem(k,pha1,'linewidth',4);
xlabel('k','fontsize',16);
ylabel('pha1','fontsize',16);
xlim([0 7]);
% %
figure(2)
N = 8;
x2 = [ones(1,N/2),zeros(1,N/2)];
x2 = [x2,x2];
n = 0:2 * N - 1;
k = 0:2 * N - 1;
Xk = x2 * exp( - j * 2 * pi * n' * k/N);
x = (Xk * exp(j * 2 * pi * n' * k/N))/(4 * N);
subplot(221),stem(n,x2,'linewidth',3);
ylim([0 1.1]);
ylabel('x2(n)','fontsize',16);
xlim([0 17]);
mag2 = 2 * abs(Xk)/(2 * N);
subplot(222),stem(k,mag2,'linewidth',3);
ylabel('mag2','fontsize',16);
xlim([0 17]);
xx2 = real(x);
subplot(223),stem(n,xx2,'linewidth',3);
ylim([0 1.1]);
xlabel('n','fontsize',16);
ylabel('xx2(n)','fontsize',16);
grid on;
xlim([0 17]);
pha2 = angle(Xk);
subplot(224),stem(k,pha2,'linewidth',3);
```

```
xlabel('k','fontsize',16);
ylabel('pha2','fontsize',16);
grid on;
xlim([0 17]);
ylim([ - 3 3]);
```

程序运行结果如图 2-4 和图 2-5 所示。

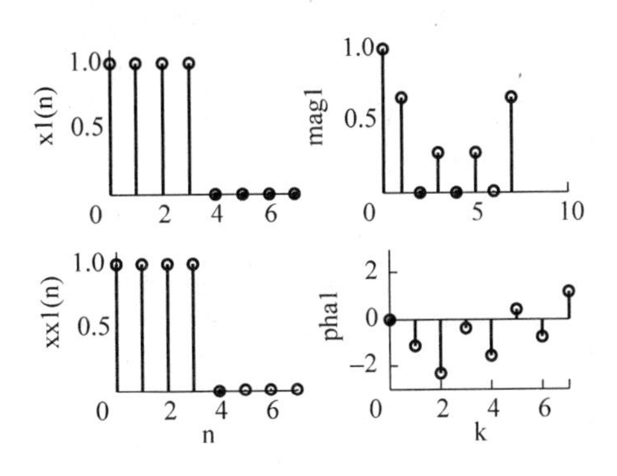

图 2-4　周期主值序列的 DFS 分解和 IDFS 重构

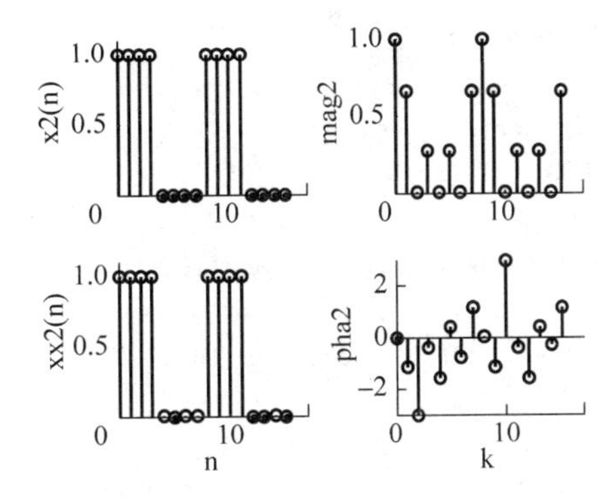

图 2-5　序列重复两个周期的 DFS 分解和 IDFS 重构

【例 2-5】 对周期序列 $\cos(4\pi t)$进行 DFS 分解和 IDFS 重构。

程序如下：

```
% Lab2_5.m
 clf
N = 5;dt = 0.1;
n = 0:N - 1;
k = 0:N - 1;
t = n * dt;
x1 = cos(2 * pi * 2 * t);
% Xk = dfs(x1,N);
Xk = x1 * exp( - j * 2 * pi * n' * k/N);
magXk = abs(Xk);phaXk = angle(Xk);
% %
figure(1)
subplot(3,1,1),stem(t,x1,'linewidth',4);
ylabel('x1(t)','fontsize',16);
% xx = idfs(Xk,N);
xx = (Xk * exp(j * 2 * pi * n' * k/N))/N;
xx1 = real(xx);
subplot(3,1,2),stem(t,xx1,'linewidth',4);
xlabel('t','fontsize',16);
ylabel('xx1(t)','fontsize',16);

k = 0:length(magXk) - 1;
f = k/(N * dt);
mag1 = magXk * 2/N;
subplot(3,1,3),stem(f,mag1,'linewidth',4);
```

```
xlabel('f','fontsize',16);
ylabel('mag1','fontsize',16);

%%
figure(2)
N = 10;dt = 0.1;
n = 0:N - 1;
k = 0:N - 1;
t = n * dt;
x2 = cos(2 * pi * 2 * t);
% Xk = dfs(x1,N);
Xk = x2 * exp( - j * 2 * pi * n' * k/N);
magXk = abs(Xk);phaXk = angle(Xk);
subplot(3,1,1),stem(t,x2,'linewidth',4);
ylabel('x2(t)','fontsize',16);

% xx = idfs(Xk,N);
xx = (Xk * exp(j * 2 * pi * n' * k/N))/N;
xx2 = real(xx);
subplot(3,1,2),stem(t,xx2,'linewidth',4);
xlabel('t','fontsize',16);
ylabel('xx2(t)','fontsize',16);
k = 0:length(magXk) - 1;
f = k/(N * dt);
mag2 = magXk * 2/N;
subplot(3,1,3),stem(f,mag2,'linewidth',4);
xlabel('f','fontsize',16);
ylabel('mag2','fontsize',16);
```

程序运行结果如图 2-6 和图 2-7 所示。

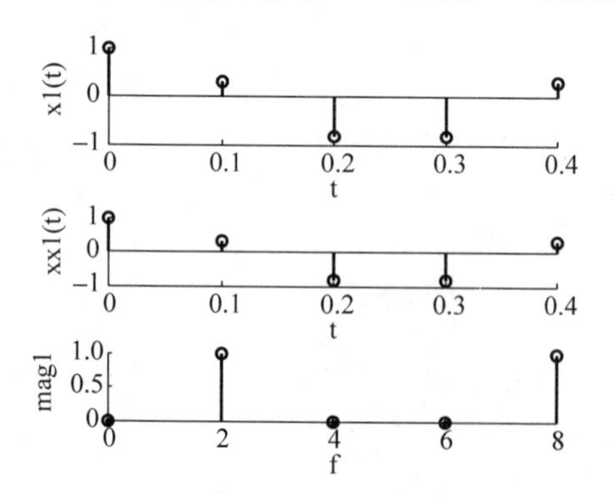

图 2-6 周期主值序列的 DFS 分解和 IDFS 重构

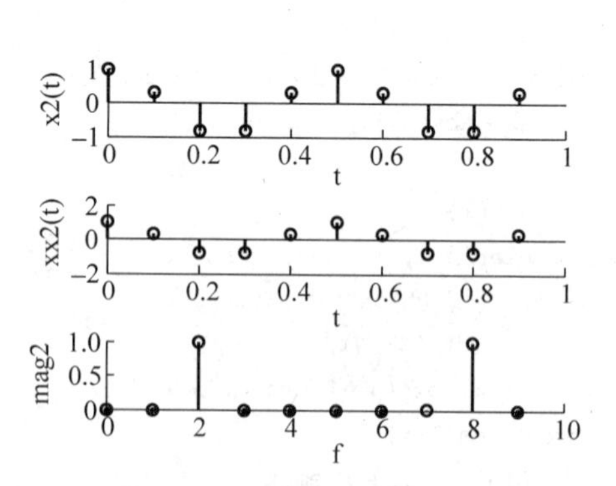

图 2-7 重复 2 次的周期序列 DFS 分解和 IDFS 重构

三、实验内容

(1) 构造谐波合成信号(设置信号频率大小为学号的后两位数),采用 DFS 进行频谱分析,观察时域波形和频域的幅频特征,绘出时域波形和幅频特性曲线;

(2) 构造谐波合成“拍”信号(设置信号频率大小分别为学号的后两位数和学号后两位数加 1),采用 DFS 进行频谱分析,观察时域波形和频域的幅频特征,绘出时域波形和幅频特性曲线;

(3) 设周期信号为

$$x(t)=0.75+3.4\cos(2\pi ft)+2.7\cos(4\pi ft)+1.5\sin(3.5\pi ft)+2.5\sin(7\pi ft)$$

其中 $f=25/16\text{Hz}$,若采样频率为 100Hz,试绘制出不同长度情况下序列 $x(n)$ 的振幅谱:(1)$N=24$;(2)$N=128$;(3)$N=512$;(4)$N=1024$。

四、实验预习

认真学习实验原理,明确实验内容,提前编写实验程序。

五、实验报告

列出并打印实验程序及实验程序产生的曲线图形。

实验三

离散傅里叶变换

一、实验目的

(1) 加深对离散傅里叶变换(discrete Fourier transform, DFT)和逆离散傅里叶变换(inverse discrete Fourier transform, IDFT)的理解;

(2) 比较有限长序列 DFT 和周期序列离散傅里叶级数(discrete Fourier series, DFS)的关系;

(3) 熟练编写 MATLAB 程序代码实现 DFT 及 IDFT 的计算。

二、实验原理

1. 非周期连续信号的傅里叶变换

设连续信号 $x(t)$,$t\in(-\infty,+\infty)$,在一定条件下,有式(3-1)和式(3-2),称 $X(F)$ 为 $x(t)$ 的傅里叶变换,$x(t)$ 为 $X(F)$ 的逆傅里叶变换。

$$X(F)=\int_{-\infty}^{\infty}x(t)\mathrm{e}^{-\mathrm{j}2\pi ft}\mathrm{d}t \tag{3-1}$$

$$x(t)=\int_{-\infty}^{\infty}X(F)\mathrm{e}^{\mathrm{j}2\pi ft}\mathrm{d}F \tag{3-2}$$

2. 非周期序列的离散时间傅里叶变换

设离散时间非周期信号为 $x(n)$,$-\infty<n<\infty$,有式(3-3)和式(3-4),称 $X(\mathrm{e}^{\mathrm{j}\omega})$ 为 $x(n)$ 的离散时间傅里叶变换(discrete time Fourier transform,DTFT),称 $x(n)$ 为 $X(\mathrm{e}^{\mathrm{j}\omega})$ 的逆离散时间傅里叶变换(inverse discrete time Fourier transform, IDTFT)。可见,该信号在时域是离散的,在频域是连续的。

$$X(\mathrm{e}^{\mathrm{j}\omega})=\mathrm{DTFT}[x(n)]=\sum_{n=-\infty}^{\infty}x(n)\mathrm{e}^{-\mathrm{j}\omega n} \tag{3-3}$$

$$x(n)=\mathrm{IDTFT}[X(k)]=\frac{1}{2\pi}\int_{-\pi}^{\pi}X(\mathrm{e}^{\mathrm{j}\omega})\mathrm{e}^{\mathrm{j}\omega n}\mathrm{d}\omega \tag{3-4}$$

3. 有限长序列的 DFT 和 IDFT

设有限长序列为 $x(n)$,$n=0,1,\cdots,N-1$,有式(3-5)和式(3-6),称 $X(k)$为 $x(n)$的离散傅里叶变换,称 $x(n)$为 $X(k)$的逆离散傅里叶变换。可见,有限长序列在时域和频域都是离散的。

$$X(k)=\mathrm{DFT}[x(n)]=\sum_{n=0}^{N-1}x(n)\mathrm{e}^{-\mathrm{j}\frac{2\pi}{N}kn},\quad k=0,1,2,\cdots,N-1 \tag{3-5}$$

$$x(n)=\mathrm{IDFT}[X(k)]=\frac{1}{N}\sum_{n=0}^{N-1}X(k)\mathrm{e}^{\mathrm{j}\frac{2\pi}{N}kn},\quad n=0,1,2,\cdots,N-1 \tag{3-6}$$

【例 3-1】 分别对序列 $x_1=\mathrm{e}^{\mathrm{j}\frac{\pi}{4}n}$,$x_2=\cos\dfrac{n\pi}{4}$,$x_3=\sin\dfrac{n\pi}{4}$进行 DFT,其中 $n=0\sim15$。

程序如下:

```
% Lab3_1.m
close all
N = 16;
n = 0:N - 1;
k = 0:N - 1;
x1 = exp(j * pi * n/4);
xk1 = x1 * exp( - j * 2 * pi * n' * k/N);
xx1 = (xk1 * exp(j * 2 * pi * n' * k/N))/N;
x2 = cos(pi * n/4);
xk2 = x2 * exp( - j * 2 * pi * n' * k/N);
xx2 = (xk2 * exp(j * 2 * pi * n' * k/N))/N;
x3 = sin(pi * n/4);
xk3 = x3 * exp( - j * 2 * pi * n' * k/N);
xx3 = (xk3 * exp(j * 2 * pi * n' * k/N))/N;
% %
figure(1)
subplot(211),stem(n,x1);
xlabel('n');
ylabel('x1(n)');
xlim([0 16]);
mag1 = abs(xk1) * 2/N;
subplot(212),stem(k,mag1);
xlabel('k');
ylabel('mag1');
xlim([0 16]);
% %
figure(2)
subplot(211),stem(n,x2);
xlabel('n');
ylabel('x2(n)');
xlim([0 16]);
mag2 = abs(xk2) * 2/N;
subplot(212),stem(k,mag2);
xlabel('k');
```

```
ylabel('mag2');
xlim([0 16]);
%%
figure(3)
subplot(211),stem(n,x3);
xlabel('n');
ylabel('x3(n)');
xlim([0 16]);
mag3 = abs(xk3) * 2/N;
subplot(212),stem(k,mag3);
xlabel('k');
ylabel('mag3');
xlim([0 16]);
```

程序运行结果如图 3-1～图 3-3 所示。

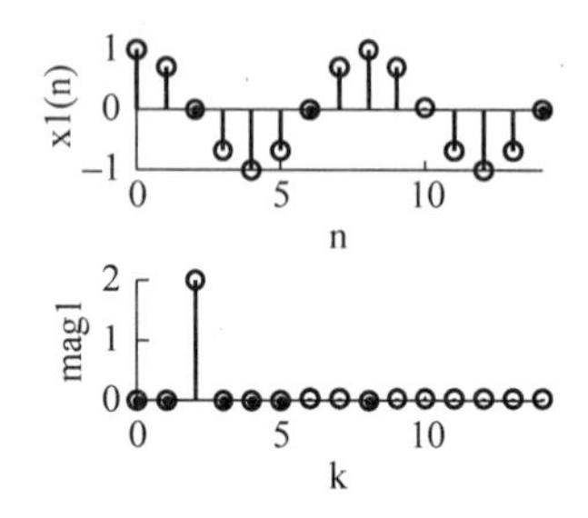

图 3-1　有限长序列 $x_1=e^{j\frac{\pi}{4}n}$的 DFT

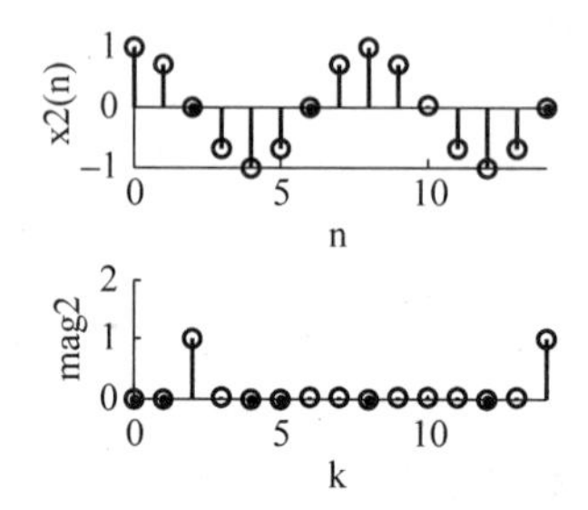

图 3-2　有限长序列 $x_2=\cos\frac{n\pi}{4}$的 DFT

【例 3-2】　对序列 $x_1=\{0,1,2,3,4,5,3,2\}$进行 DFT。

程序如下：

```
% Lab3_2.m
N = 8;
n = 0:N - 1;k = 0:N - 1;
x1 = [0,1,2,3,4,5,3,2];
xk1 = x1 * exp( - j * 2 * pi * n' * k/N);
xx1 = (xk1 * exp(j * 2 * pi * n' * k/N))/N;
xx1 = real(xx1);
mag1 = abs(xk1);
pha1 = angle(xk1);
subplot(221),stem(n,x1);
ylabel('x1(n)','fontsize',16);
subplot(222),stem(n,mag1);
ylabel('mag1','fontsize',16);
subplot(223),stem(n,xx1);
xlabel('n','fontsize',16);
ylabel('xx1(n)','fontsize',16);
subplot(224),stem(n,angle(xk1));
xlabel('k','fontsize',16);
ylabel('pha1','fontsize',16);
```

程序运行结果如图 3-4 所示。

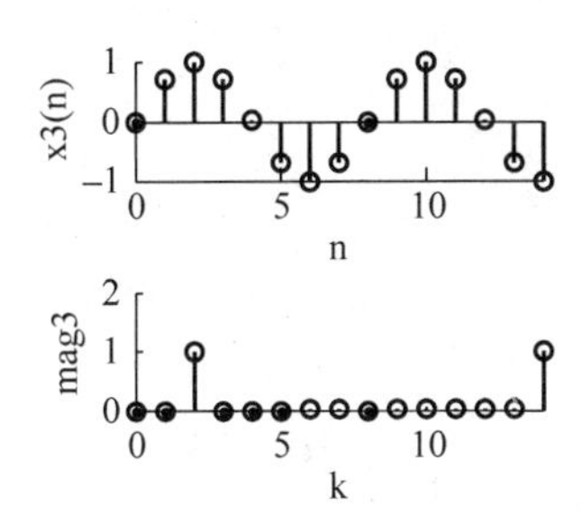

图 3-3　有限长序列 $x_3=\sin\frac{n\pi}{4}$的 DFT

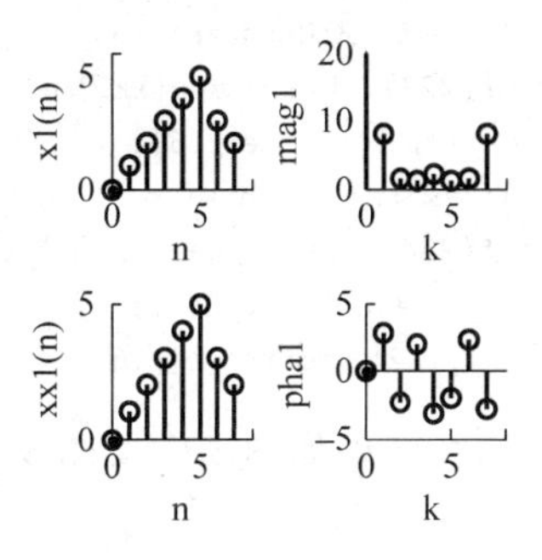

图 3-4　有限长序列的 DFT

【例 3-3】 周期序列主值为 $x(n)=\{0,1,2,3,4,5,6,7\}$，分别求周期重复次数为 1 次和 4 次的 DFS。

程序如下：

```
% Lab3_3.m
clear all
N = 8;
n = 0:4 * N - 1;k = 0:4 * N - 1;
x1 = [0,1,2,3,4,5,6,7];
x1 = [x1,x1,x1,x1];
xk1 = x1 * exp( - j * 2 * pi * n' * k/N);
xx1 = (xk1 * exp(j * 2 * pi * n' * k/N))/N;
subplot(221),stem(n,x1);
ylabel('x1(n)','fontsize',16);
mag1 = abs(xk1) * 2/(4 * N);
subplot(222),stem(n,mag1);
ylabel('mag1','fontsize',16);
xx1 = real(xx1)/16;
subplot(223),stem(n,xx1);
xlabel('n','fontsize',16);
ylabel('xx1(n)','fontsize',16);
pha1 = angle(xk1);
subplot(224),stem(n,angle(xk1));
xlabel('k','fontsize',16);
ylabel('pha1','fontsize',16);
figure(2)
N = 8;
n = 0:N - 1;k = 0:N - 1;
x2 = [0,1,2,3,4,5,6,7];
x2 = [x2];
xk2 = x2 * exp( - j * 2 * pi * n' * k/N);
xx2 = (xk2 * exp(j * 2 * pi * n' * k/N))/N;
mag2 = abs(xk2) * 2/N;
xx2 = real(xx2);
pha2 = angle(xk2);
subplot(221),stem(n,x2);
ylabel('x2(n)','fontsize',16);
subplot(222),stem(n,xx1);
```

```
ylabel('mag2','fontsize',16);
subplot(223),stem(n,abs(xk1) * 2/N);
xlabel('n','fontsize',16);
ylabel('xx2(n)','fontsize',16);
subplot(224),stem(n,angle(xk1));
xlabel('k','fontsize',16);
ylabel('pha2','fontsize',16);
```

程序运行结果如图 3-5 及图 3-6 所示。

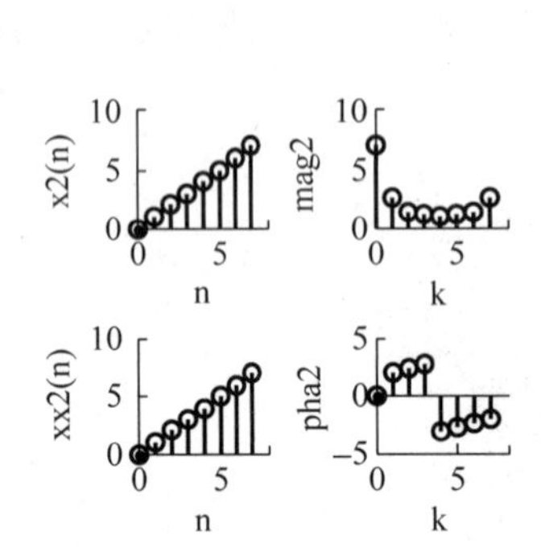

图 3-5 周期重复 1 次的 DFS

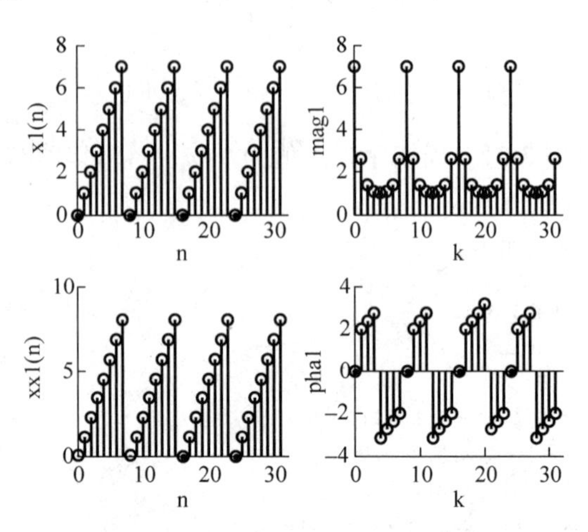

图 3-6 周期重复 4 次的 DFS

【例 3-4】 求 $x(n)=\{0,1,2,3,4,5,3,2\}$的 DTFT,将$(0,2\pi)$区间分成 500 份。程序如下:

```
% Lab3_4.m
N = 8;
n = 0:N - 1;k = 0:N - 1;
x1 = [0,1,2,3,4,5,3,2];
w = linspace(0,2 * pi,500);
xk1 = x1 * exp( - j * n' * w);
xx1 = (xk1 * exp(j * w' * n))/(2 * pi);
subplot(221),stem(n,x1);
ylabel('x1(n)','fontsize',16);
xx1 = real(xx1)/100;
subplot(222),stem(n,xx1);
ylabel('mag1','fontsize',16);
mag1 = abs(xk1) * 2/N;
subplot(223),plot(w,mag1);
xlabel('n','fontsize',16);
ylabel('xx1(n)','fontsize',16);
pha1 = angle(xk1);
subplot(224),plot(w,pha1);
xlabel('w','fontsize',16);
ylabel('pha1','fontsize',16);
figure(2)
N = 100;
```

```
n = 0:N - 1;k = 0:N - 1;
x2 = [0,1,2,3,4,5,3,2,zeros(1,N - 8)];
w = linspace(0,2 * pi,100);
xk2 = x2 * exp( - j * n' * w);
xx2 = (xk2 * exp(j * w' * n))/(2 * pi);
subplot(221),stem(n,x2);
ylabel('x2(n)','fontsize',16);
xx2 = real(xx2)/100;
mag2 = abs(xk2) * 2/N;
pha2 = angle(xk2);
subplot(222),stem(w,mag2);
ylabel('mag2','fontsize',16);
subplot(223),stem(n,xx2);
xlabel('n','fontsize',16);
ylabel('xx2(n)','fontsize',16);
subplot(224),stem(w,pha2);
xlabel('w','fontsize',16);
ylabel('pha2','fontsize',16);
```

程序运行结果如图 3-7 和图 3-8 所示。

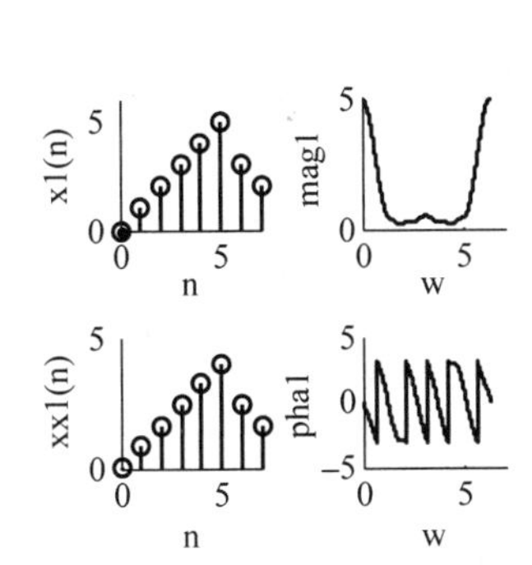

图 3-7　有限长序列的 DTFT

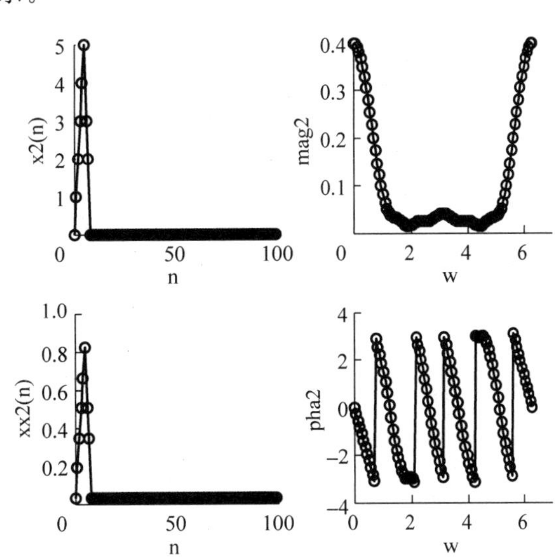

图 3-8　补零后有限长序列的 DFT

三、实验内容

(1) 设有限长序列 $x(n)=\{9,8,7,6,5,4,3,2\}$,求 $x(n)$的 DTF 和 IDFT。要求画出振幅谱和相位谱；画出原信号和重构信号进行比较。

(2) 设周期序列的主值 $x(n)=\{9,8,7,6,5,4,3,2\}$,求 $x(n)$周期重复次数为 3 次时的 DFS 和 IDFS。要求：画出主值序列和周期序列图形，画出周期序列的振幅谱和相位谱。

(3) 求序列 $x(n)=\{9,8,7,6,5,4,3,2\}$,$0\leqslant n\leqslant 7$ 的 DTFT,将$(0,2\pi)$区间分成 500 份。要求：画出连续振幅谱和相位谱；求出 $N=100$ 时的 DFT,与 DTFT 的结果进行比较。

四、实验预习

(1) 读懂例题程序,明确实验任务,了解实验方法。
(2) 预先编写实验程序。
(3) 思考 DFT 和 DFS 的区别。

五、实验报告

(1) 打印实验程序,描绘实验程序产生的曲线图形。
(2) 思考 DFT 和 DTFT 的联系和区别。

实验四

离散傅里叶变换的性质

一、实验目的

(1) 加深对 DFT 基本性质的理解；

(2) 比较有限长序列 DFT 和周期序列 DFS 的关系；

(3) 熟练编写 MATLAB 程序代码,实现对 DFT 性质的验证。

二、实验原理

1. 线性性质

若序列 $x_1(n)$和 $x_2(n)$的傅里叶变换分别为 $X_1(k)$和 $X_2(k)$,则序列 $ax_1(n)+bx_2(n)$的傅里叶变换为 $aX_1(k)+bX_2(k)$,其中 a、b 为任意实数,见式(4-1)和式(4-2)。

$$x_1(n)\leftrightarrow X_1(k)$$

$$x_2(n)\leftrightarrow X_2(k) \tag{4-1}$$

$$ax_1(n)+bx_2(n)\leftrightarrow aX_1(k)+bX_2(k) \tag{4-2}$$

2. 循环移位性质

将主值长度为 N 的周期序列 $x(n)$左移 m 位,可得序列 $y(n)=x(n+m)_N R_N(n)$。

移位步骤如下：

(1) 将 $x(n)$以 N 为周期进行周期延拓,得到周期信号 $x_N(n)$;

(2) 将周期信号 $x_N(n)$左移 m 位,得到周期信号 $x_N(n+m)$;

(3) 取周期信号 $x_N(n+m)$的主值序列,得到序列 $x(n)$的循环移位序列 $y(n)$。

3. 循环折叠性质

将主值长度为 N 的周期序列 $x(n)$折叠,可得序列 $y(n)$,见式(4-3),$y(n)$的傅里叶变换见式(4-4)。

$$y(n)=x((-n)_N)=\begin{cases}x(0), & n=0\\ x(N-n), & n\neq 0\end{cases} \tag{4-3}$$

$$Y(k)=\mathrm{DFT}(x((-n)_N))=X((-k)_N)=X^*((k)_N)=\begin{cases}X(0), & k=0\\ X(N-k), & k\neq 0\end{cases}\tag{4-4}$$

【例 4-1】 对有限长序列 $x_1(n)=\{0,2,4,8\}$，$x_2(n)=\{5,4,3,2,1\}$，$y(n)=4x_1(n)+2x_2(n)$分别进行 DFT，验证频谱的线性性质。

程序如下：

```
% Lab4_1.m
xn1 = [0,1,4,3];
xn2 = [5,4,3,2,1];
N1 = length(xn1);N2 = length(xn2);
N = max(N1,N2);
if N1 > N2   xn2 = [xn2 zeros(1,N1 - N2)];
elseif N2 > N1   xn1 = [xn1,zeros(1,N2 - N1)];
end
y = 4 * xn1 + 2 * xn2;
n = 0:N - 1;
k = 0:N - 1;
Yk1 = y * (exp( - j * 2 * pi/N)).^(n' * k);
Xk1 = xn1 * (exp( - j * 2 * pi/N)).^(n' * k);
Xk2 = xn2 * (exp( - j * 2 * pi/N)).^(n' * k);
Yk2 = 4 * Xk1 + 2 * Xk2;
subplot(411),stem(k,Xk1,'linewidth',4);
ylabel('Xk1','fontsize',16);
subplot(412),stem(k,Xk2,'linewidth',4);
ylabel('Xk2','fontsize',16);
subplot(413),stem(k,Yk1,'linewidth',4);
ylabel('Yk1','fontsize',16);
subplot(414),stem(k,Yk2,'linewidth',4);
xlabel('k','fontsize',16);
ylabel('Yk2','fontsize',16);
```

程序运行结果如图 4-1 所示。

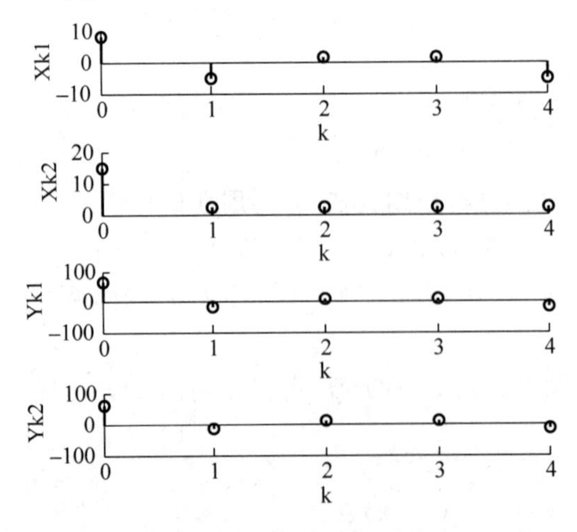

图 4-1 有限长序列傅里叶变换的线性性质

【例 4-2】 已知有限长序列 $x(n)=\{1,3,5,7\}$，试绘出 $x(n)$循环左移 3 位后的新序列。

程序如下：

```
% Lab4_2.m
x = [1,3,5,7];
Nx = length(x);nx = 0:Nx - 1;
nx1 = - Nx:2 * Nx - 1;
x1 = x(mod(nx1,Nx) + 1); % mod(x,y) is x - n. * y where n = floor(x./y) if y ~ = 0.
ny1 = nx1 - 3;
y1 = x1;
RNx = (nx1 >= 0)&(nx1 < Nx);
RNy = (ny1 >= 0)&(ny1 < Nx);
Rx1 = RNx. * x1;
subplot(411),stem(nx1,Rx1,'linewidth',4);
xlim([ - 8 8]);
ylabel('Rx1','fontsize',16);
subplot(412),stem(nx1,x1,'linewidth',4);
xlim([ - 8 8]);
ylabel('x1','fontsize',16);
subplot(413),stem(ny1,y1,'linewidth',4);
xlim([ - 8 8]);
ylabel('y1','fontsize',16);
Ry1 = RNy. * y1;
subplot(414),stem(ny1,Ry1,'linewidth',4);
xlim([ - 8 8]);
xlabel('ny1','fontsize',16);
ylabel('Ry1','fontsize',16);
```

程序运行结果如图 4-2 所示。

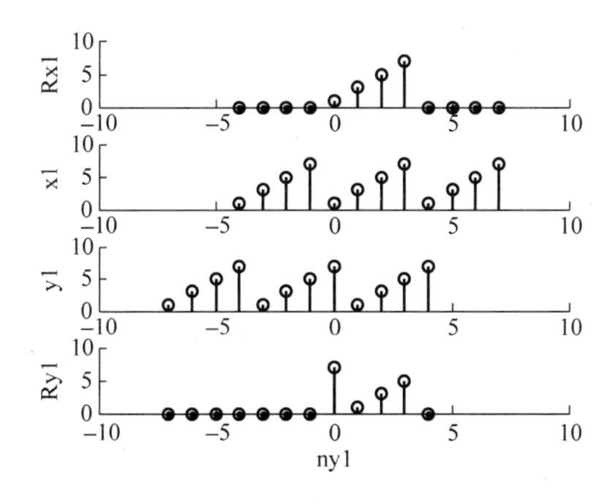

图 4-2　有限长序列的循环移位

【例 4-3】 已知有限长序列 $x(n)=\{1,3,5,7,9,11\}$，分别求该序列 $N=6$ 和 $N=8$ 的循环折叠序列。

程序如下：

```
% Lab4_3.m
clear all
```

```
x1 = [1,3,5,7,9,11];
Nx1 = length(x1);nx1 = 0:Nx1 - 1;
y1 = x1(mod( - nx1,Nx1) + 1);
Nx2 = 8;
x2 = [x1,zeros(1,Nx2 - Nx1)];
nx2 = 0:Nx2 - 1;
y2 = x2(mod( - nx2,Nx2) + 1);
subplot(221),stem(nx1,x1);
ylabel('x1','fontsize',16);
subplot(222),stem(nx2,x2);
ylabel('x2','fontsize',16);
subplot(223),stem(nx1,y1);
xlabel('nx1','fontsize',16);
ylabel('y1','fontsize',16);
subplot(224),stem(nx2,y2)
xlabel('nx2','fontsize',16);
ylabel('y2','fontsize',16);
```

程序运行结果如图 4-3 所示。

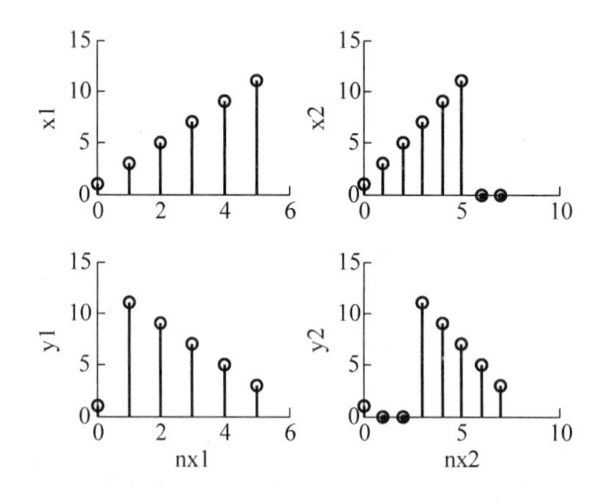

图 4-3 有限长序列的循环折叠

【例 4-4】 已知有限长序列 $x(n)=\{1,3,5,7,9,11\}$，比较该序列的翻转频谱和翻转序列的频谱关系。

程序如下：

```
% Lab4_4.m
clear all
x = [1,3,5,7,9,11];
Nx = length(x);nx = 0:Nx - 1;k = 0:Nx - 1;
y = x(mod( - nx,Nx) + 1);
Xk = x * exp( - j * 2 * pi/Nx).^(nx' * k);
Yk = y * exp( - j * 2 * pi/Nx).^(nx' * k);
XXk = Xk(mod( - k,Nx) + 1);
Figure
rXk = real(Xk);
subplot(321),stem(k,rXk,'linewidth',4);
ylabel('rXk','fontsize',16);
iXk = imag(Xk);
```

```
subplot(322),stem(k,iXk,'linewidth',4);
ylabel('iXk','fontsize',16);
rXXk = real(XXk);
subplot(323),stem(k,rXXk,'linewidth',4);
ylabel('rXXk','fontsize',16);
iXXk = imag(XXk);
subplot(324),stem(k,iXXk,'linewidth',4);
ylabel('iXXk','fontsize',16);
rYk = real(Yk);
subplot(325),stem(k,rYk,'linewidth',4);
xlabel('k','fontsize',16),ylabel('rYk','fontsize',16);
iYk = imag(Yk);
subplot(326),stem(k,iYk,'linewidth',4);
xlabel('k','fontsize',16),ylabel('iYk','fontsize',16);
```

程序运行结果如图 4-4 所示。

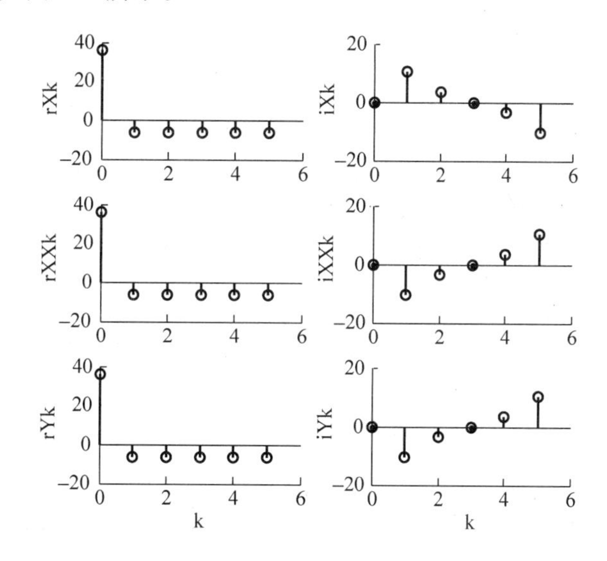

图 4-4　有限长序列频谱的翻转性质

三、实验内容

已知有限长序列 $x(n)=\{6,0\ ,5,0,4,0,3,0,2\}$，(1)试绘出 $x(n)$循环右移 3 位的新序列；(2)试绘出 $x(n)$循环折叠后的新序列。

四、实验预习

(1) 读懂例题程序，明确实验任务，了解实验方法。

(2) 预先编写实验程序。

五、实验报告

打印实验程序，描绘实验程序产生的曲线图形。

实验五

时域采样与信号重构

一、实验目的

(1) 加深对时域信号采样和恢复的理解；

(2) 熟练编写 MATLAB 程序代码实现信号的采样和内插。

二、实验原理

1. 连续带限信号的采样定理

把满足式(5-1)的信号称为连续带限信号。

$$X(F) = 0, \quad F \leqslant F_0 \text{ 或 } F \geqslant F_0 + L \tag{5-1}$$

对连续带限信号进行采样，当采样周期 $\Delta = \frac{1}{L}$ 时，可由采样信号依据式(5-2)和式(5-3)分别重建连续信号频谱和连续信号。

$$X(F) = \Delta \sum_{n=-\infty}^{\infty} x(n\Delta) \mathrm{e}^{-\mathrm{j}2\pi n\Delta F} \tag{5-2}$$

$$x(t) = \Delta \sum_{n=-\infty}^{\infty} x(n\Delta) \frac{\mathrm{e}^{\mathrm{j}2\pi(t-n\Delta)F_0}\left[\mathrm{e}^{\mathrm{j}2\pi(t-n\Delta)L} - 1\right]}{\mathrm{j}2\pi(t-n\Delta)} \tag{5-3}$$

2. 带限实信号的采样定理

把满足式(5-4)的信号称为带限实信号，其中 f_c 为截止频率。

$$X(F) = 0, \quad F < -F_c \text{ 或 } F > F_c \tag{5-4}$$

对带限实信号进行采样，当采样周期 $\Delta < \frac{1}{2F_c}$ 时，可由采样信号依据式(5-5)和式(5-6)分别重建连续信号频谱和连续信号。

$$X(F) = \Delta \sum_{n=-\infty}^{\infty} x(n\Delta) \mathrm{e}^{-\mathrm{j}2\pi n\Delta F} \tag{5-5}$$

$$x(t) = \sum_{n=-\infty}^{\infty} x(n\Delta) \frac{\sin(t-n\Delta)\pi/\Delta}{(t-n\Delta)\pi/\Delta} \tag{5-6}$$

3. 采样定理

把不满足式(5-1)或满足式(5-7)的信号称为非带限信号。

$$X(F) \neq 0, \quad F \in (-\infty, +\infty) \tag{5-7}$$

对非带限信号以采样周期 Δ 进行采样，可由连续信号的频谱 $X(F)$ 由式(5-8)计算主区间 $[-F_s/2, F_s/2]$ 上的采样信号的频谱 $X_\Delta(F)$。

$$X_\Delta(F) = \sum_{k=-\infty}^{\infty} X\left(F + \frac{k}{\Delta}\right), \quad F \in \left[-\frac{1}{2\Delta}, \frac{1}{2\Delta}\right] \tag{5-8}$$

4. 由内插公式重建信号

在合理采样前提下，可由内插公式(5-6)重构连续信号。

【例 5-1】 对连续信号 $x(t)=\sin(2\pi f_0 t)+\frac{1}{3}\sin(8\pi f_0 t)$，其中 $f_0=1\text{Hz}$，采用不同采样率(5Hz、10Hz、15Hz)进行采样。

程序如下：

```
% Lab5_1.m
dt = 0.01;
f0 = 1;
T0 = 1/f0;
fm = 5 * f0;
Tm = 1/fm;
t = - 1:dt:1;
x = sin(2 * pi * f0 * t) + 1/3 * sin(8 * pi * f0 * t);
figure
subplot(411),plot(t,x,'linewidth',4);
ylabel('x','fontsize',16);
for i = 1:3
    fs = i * fm;Ts = 1/fs;
    n = - 1:Ts:1;
    x1 = sin(2 * pi * f0 * n) + 1/3 * sin(8 * pi * f0 * n);
    % % i = 1,x = x1;i = 2,x = x2;i = 3,x = x3;
    subplot(4,1,i + 1),stem(n,x1,'filled','linewidth',3);
    ylabel('x1','fontsize',16);
    ylim([ - 2 2]);
end
xlabel('n','fontsize',16);
```

程序运行结果如图 5-1 所示，采样率分别为 5Hz、10Hz 和 15Hz，得到信号为 x1、x2 和 x3。

【例 5-2】 对连续信号 $x(t)=\sin(2\pi f_0 t)+\frac{1}{3}\sin(8\pi f_0 t)$，其中 $f_0=1\text{Hz}$，采用不同采样率(5Hz、10Hz、15Hz)进行采样，试绘制采样后离散信号的振幅谱。

程序如下：

```
% Lab5_2.m
clear all
```

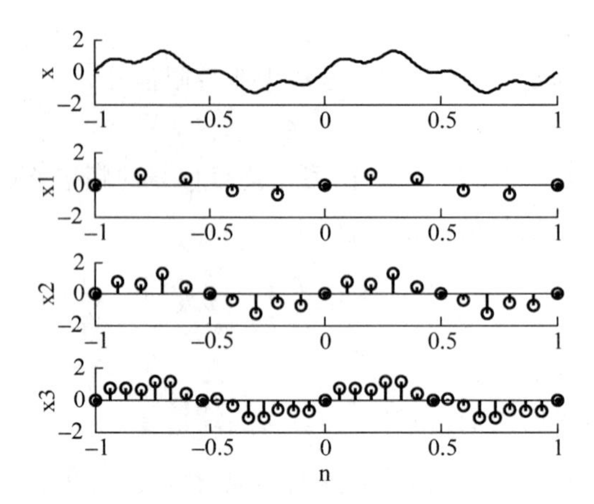

图 5-1 连续信号及采样信号波形

```
dt = 0.01;
f0 = 1;
T0 = 1/f0;
fm = 5 * f0;
Tm = 1/fm;
t = - 3:dt:3;
N = length(t);
x = sin(2 * pi * f0 * t) + 1/3 * sin(8 * pi * f0 * t);
% %
wm = 2 * pi * 20 * fm;
k = 0:N - 1;
w1 = k * wm/N;
X = x * exp( - j * t' * w1) * dt;
mag = abs(X);
subplot(411),plot(w1/(2 * pi),mag,'k');
ylabel('mag','fontsize',16);
xlim([0 15]);
ylim([0 4]);
% %
for i = 1:3
      c = 0;
      fs = (i) * fm;Ts = 1/fs;
      tn = - 3:Ts:3;
      x1 = sin(2 * pi * f0 * tn) + 1/3 * sin(6 * pi * f0 * tn);
      N = length(tn);
      wm = 2 * pi * fs;
      k = 0:N - 1;
      w = k * wm/N;
      X1 = x1 * exp( - j * tn' * w) * Ts;              % % i = 1 对应 x1, i = 2 对应 x2, i = 3 对应 x3
      mag1 = abs(X1);
      subplot(4,1,i + 1),plot(f,mag1,'linewidth',4);
      ylabel('mag1','fontsize',16);
      ylim([0 4]);
end
```

程序运行结果如图 5-2 所示，采样率分别为 5Hz、10Hz 和 15Hz，得到振幅谱分别为 mag1、mag2 和 mag3。

【例 5-3】 对连续信号 $x(t)=\sin(2\pi f_0 t)+\frac{1}{3}\sin(8\pi f_0 t)$，其中 $f_0=1\text{Hz}$，采用不同采样率(5Hz、20Hz、45Hz)进行采样并重构，试分别绘出重构信号。

程序如下：

```
%Lab5_3.m
clear all
dt = 0.01;
f0 = 1;
T0 = 1/f0;
fm = 5 * f0;
Tm = 1/fm;
t = 0:dt:4 * T0;
x = sin(2 * pi * f0 * t) + 1/3 * sin(8 * pi * f0 * t);           %x 为连续信号
figure
subplot(411),plot(t,x,'linewidth',4);
ylabel('x','fontsize',16);
xlim([0 2]);
for i = 1:3
    fs = i.^2 * fm;Ts = 1/fs;
    n = 0:(4 * T0)/Ts;
    t1 = 0:Ts:4 * T0;
    xs = sin(2 * pi * f0 * n/fs) + 1/3 * sin(8 * pi * f0 * n/fs);  %xs 为采样后的离散信号
    T_N = ones(length(n),1) * t1 - n' * Ts * ones(1,length(t1));
    xx = xs * sinc(fs * pi * T_N);                                 %xx 为重建信号
    subplot(4,1,i + 1),plot(t1,xx,'ko','linewidth',1);
    ylabel('xx','fontsize',16);
    hold on
    plot(t,x,'linewidth',1)
    hold off
    xlim([0 2]);
end
xlabel('t','fontsize',16)
```

程序运行结果如图 5-3 所示，采样率分别为 5Hz、20Hz 和 45Hz，得到重构信号为 xx1、xx2 和 xx3。

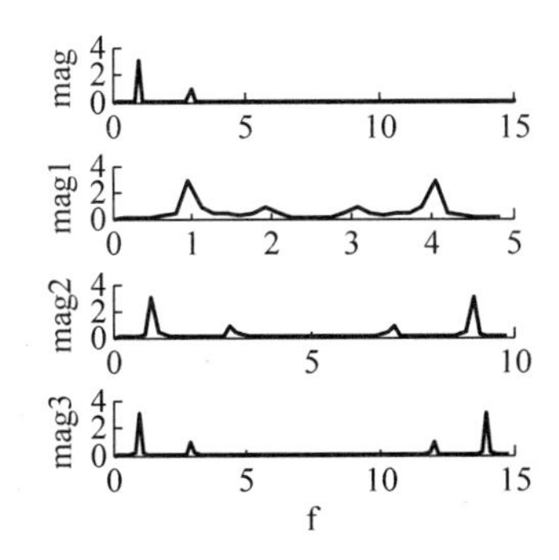

图 5-2　不同采样率情况下采样信号的频谱

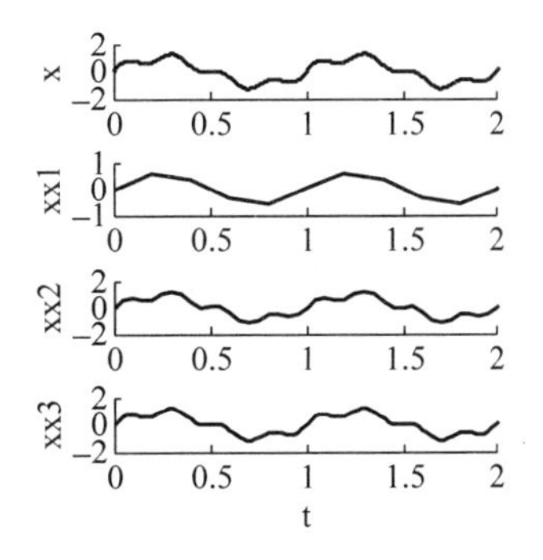

图 5-3　用内插公式重建原始信号

三、实验内容

已知连续时间信号 $x(t)=\sin 2\pi t+\frac{1}{4}\cos 24\pi t$。

要求：

(1) 试分别绘制原始信号和采样信号，采样率分别为 1Hz、10Hz、100Hz。

(2) 试绘制原始信号和采样信号所对应的频谱。

(3) 试用内插公式重建信号。

四、实验预习

(1) 认真阅读实验原理，了解实验目的和任务。

(2) 预先编写实验程序。

五、实验报告

打印实验程序和图件。

实验六

重采样定理

一、实验目的

(1) 加深对时域信号采样和重采样产生假频现象的理解。

(2) 比较直接重采样和经过低通模拟滤波后重采样的区别。

二、实验原理

1. 采样定理

对非带限信号以采样周期 Δ 进行采样，可由连续信号的频谱 $X(F)$ 由式(6-1)计算采样后离散信号的频谱 $X_\Delta(F)$：

$$X_\Delta(F)=\sum_{m=-\infty}^{\infty}X\left(F+\frac{m}{\Delta}\right) \tag{6-1}$$

2. 重采样定理

对离散信号以采样周期 $\Delta_1=m\Delta$ 进行采样，可由离散信号的频谱 $X_\Delta(F)$ 由式(6-2)计算重采样后离散信号的频谱 $X_{\Delta_1}(F)$：

$$X_{\Delta_1}(F)=\sum_{l=0}^{m-1}X_\Delta\left(F+\frac{l}{\Delta_1}\right)=\sum_{l=0}^{m-1}X_\Delta\left(F+\frac{l}{m\Delta}\right) \tag{6-2}$$

推导式(6-2)的思路：对离散信号的重采样，可以理解为对带限连续信号进行采样，故定义带限连续信号的频谱为$\widetilde{X}(F)$，见式(6-3)：

$$\widetilde{X}(F)=\begin{cases}X_\Delta(F), & \frac{1}{-2\Delta}\leqslant F\leqslant\frac{1}{2\Delta}\\ 0, & 其他\end{cases} \tag{6-3}$$

以采样周期 Δ_1 对连续信号 $X(F)$进行采样，可得离散信号的频谱 $X_{\Delta_1}(F)$，见式(6-4)：

$$X_{\Delta_1}(F)=\sum_{n=-\infty}^{\infty}\widetilde{X}\left(F+\frac{n}{\Delta_1}\right)$$

$$= \sum_{l=0}^{m-1} X_{\Delta}\left(F + \frac{l}{\Delta_1}\right)$$

$$= \sum_{l=0}^{m-1} X_{\Delta}\left(F + \frac{l}{m\Delta}\right) \tag{6-4}$$

【例 6-1】 对信号 $x(t)=3\sin(2\pi F_1 t)+\cos(2\pi F_2 t)$，其中 $f_1=1\text{Hz}$，$f_2=18\text{Hz}$，进行采样(采样频率为 50Hz)和重采样(采样频率为 10Hz)，试绘制出重采样前后时域和频域的信号。

程序如下：

```
% Lab6_1.m
clear all
clf
N = 200;
dt = 0.02; fs = 1/dt;
f1 = 1;f2 = 18;
n = 0:N - 1;t = n * dt;
I = 5;
x = 3 * sin(2 * pi * f1 * t) + cos(2 * pi * f2 * t);
x1 = x(5:5:N);                                   % x1 为对原始信号的采样信号
N1 = length(x1);
% %
figure
set(gcf,'position',[500,300,400,310])
subplot(3,2,1),plot(t,x,'linewidth',3);
xlim([0 1]);
ylabel('x','fontsize',16);
mag = abs(fft(x)) * 2/N;                         % mag 为原始信号的振幅谱
subplot(3,2,2),plot([0:N - 1]/(N * dt),mag,'linewidth',3);
ylabel('mag','fontsize',16);
subplot(3,2,3),plot(t,x,t(5:5:N),x1,'o','linewidth',3);
xlim([0 1]);
ylabel('x1','fontsize',16);
mag1 = abs(fft(x1)) * 2/N1;                      % mag1 为直接采样信号的振幅谱
subplot(3,2,4),plot([0:N1 - 1]/(N1 * dt * I),mag1,'linewidth',3);
ylim([0 4])
ylabel('mag1','fontsize',16);
% %
wp = 5 * 2/fs;ws = 7 * 2/fs;Rp = 1;Rs = 30;
[NN,Wn] = buttord(wp,ws,Rp,Rs);
[b,a] = butter(NN,Wn);
y = filtfilt(b,a,x);
y1 = y(5:5:N);                                   % y1 为滤波后采样得到的信号
Ny1 = length(y1);
subplot(3,2,5),plot(t,y,t(5:5:N),y1,'o','linewidth',3);
xlim([0 1]);
ylabel('y1','fontsize',16);
xlabel('t','fontsize',16);
mag2 = abs(fft(y1)) * 2/N1;                      % mag2 为滤波后采样信号的振幅谱
subplot(3,2,6),plot([0:Ny1 - 1]/(Ny1 * dt * I),mag2,'linewidth',3);
ylabel('mag2','fontsize',16);
```

```
xlabel('f','fontsize',16);
```

程序运行结果如图 6-1 所示。

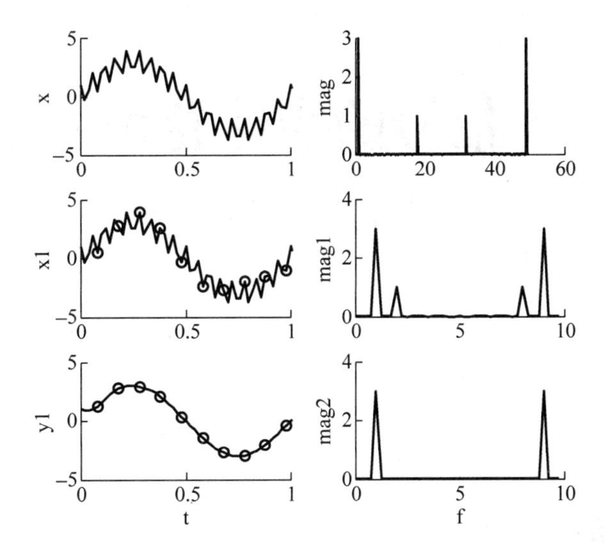

图 6-1　对信号进行采样和滤波后采样的比较

三、实验内容

产生信号 $x=3\sin(2\pi F_1 t)+\cos(2\pi F_2 t)$，其中 F_1 为学号后两位，F_2 比 F_1 大 3，信号持续时间 4s，对该连续信号进行采样，采样周期 $T_s=0.01$s，得到采样信号 x_n，然后对采样信号进行重采样，重采样因子为 4，比较直接采样和经过模拟滤波后重采样的区别。试绘制时间域和频率域的信号波形。

四、实验预习

认真阅读实验原理，编写实验程序。

五、实验报告

打印程序代码和相关图形。

六、实验思考

对于上面的例子，为什么直接抽取后的信号中含有 2Hz 的频率成分？该频率成分是如何产生的？

实验七

信号的线性卷积

一、实验目的

(1) 通过数值实验,深刻理解线性卷积过程;

(2) 掌握 MATLAB 中卷积子函数的使用方法。

二、实验原理

(1) 序列 $x(n)$和 $h(n)$的线性卷积结果 $y(n)$,定义为

$$\begin{aligned}y(n) &= x(n) * h(n) \\ &= \sum_{\tau=-\infty}^{+\infty} x(\tau)h(n-\tau)\end{aligned} \tag{7-1}$$

(2) 求解两个序列的线性卷积,关键在于确定卷积结果的时宽区间。

(3) MATLAB 中提供了计算线性卷积的子函数 y=conv(x, h),默认序列 x 和 h 都从 0 开始,y 对应的序列序号也从 0 开始。

【例 7-1】 已知序列 $x(n)=\{1,4,2\}$, $h(n)=\{1,1/2,1/4\}$, $n=0,1,2$,求这两个序列的线性褶积,并绘出中间过程图形。

程序如下:

```
% Lab7_1.m
clear all
x = [1 4 2];
N1 = length(x);n1 = 0:N1 - 1;
h = [1 0.5 0.25];
N2 = 3;n2 = 0:N2 - 1;
N = N1 + N2 - 1;
figure
subplot(N + 3,1,1),plot(n1,x,'linewidth',3);
ylabel('x','fontsize',16);
hold on
```

```
stem(n1,x,'linewidth',3);
xlim([ - 5 5]);
subplot(N + 3,1,2),plot(n2,h,'linewidth',3);
ylabel('h','fontsize',16);
hold on
stem(n2,h,'linewidth',3)
xlim([ - 5 5]);
% --- [hf,nhf] = sigfold(h,n2); ---------------------------
nhf = - fliplr(n2);hf = fliplr(h);
for i = 0:N1 + N2 - 2
% --------- [hf2 nhf2] = sigshift(hf,nhf,2); -----------------------
nhf1 = nhf + i;
hf1 = hf;
% i = 0,hf1 = hf0;i = 1,hf1 = hf1;i = 2,hf1 = hf2;i = 3,hf1 = hf3;i = 4,hf1 = hf4;
% ----------------------------------
subplot(N + 3,1,i + 3),plot(nhf1,hf1,'linewidth',3);
hold on
stem(nhf1,hf1,'linewidth',3);
ylabel('hf1','fontsize',16);
xlim([ - 5 5]);
% ------- [xh,nxh] = sigmult(x,n1,hf,nhf); ---
min_n1 = n1(1);
min_nhf1 = nhf1(1);
max_n1 = min_n1 + length(n1) - 1;
max_nhf1 = min_nhf1 + length(nhf1) - 1;
ny = [min(min_n1,min_nhf1):max(max_n1,max_nhf1)];
y1 = zeros(1,length(ny));y2 = y1;
% xx1(find((ny>= nx1)&(ny<= nf1) == 1)) = x1;
y1(find((ny>= min_n1)&(ny<= max_n1) == 1)) = x;
y2(find((ny>= min_nhf1)&(ny<= max_nhf1) == 1)) = hf1;
y(i + 1) = sum(y1. * y2);
end
subplot(N + 3,1,8),plot(ny,y,'linewidth',3);
hold on
stem(ny,y,'linewidth',3);
xlabel('ny','fontsize',16),ylabel('y','fontsize',16);
xlim([ - 5 5]);
```

程序运行结果如图 7-1 所示。

【例 7-2】 将例 7-1 中计算卷积的代码写成函数[ny, y]=conv_w(x, n1, h, n2),调用该函数重新计算例 7-1 中的线性卷积。

程序如下：

```
% Lab7_2.m
clear all
x = [1 4 2];
N1 = length(x);n1 = 0:N1 - 1;
h = [1 0.5 0.25];
N2 = 3;n2 = 0:N2 - 1;
N = N1 + N2 - 1;
```

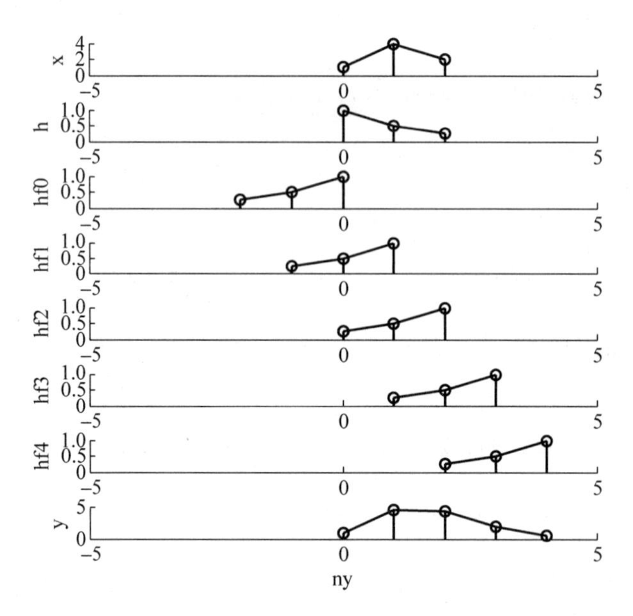

图 7-1 有限长序列的褶积过程

```
[y,ny] = conv_w(x,n1,h,n2);
figure
subplot(3,1,1),plot(n1,x,'linewidth',4);
ylabel('x','fontsize',16);
hold on
stem(n1,x,'linewidth',4);
ylabel('x','fontsize',16);
xlim([ - 5 5]);
subplot(3,1,2),plot(n2,h,'linewidth',4);
ylabel('h','fontsize',16);
hold on
stem(n2,h,'linewidth',4);
ylabel('h','fontsize',16);
xlim([ - 5 5]);
subplot(3,1,3),plot((0:length(y) - 1),y,'linewidth',4);
xlabel('n','fontsize',16),ylabel('y','fontsize',16);
hold on
stem((0:length(y) - 1),y,'linewidth',4);
xlabel('n','fontsize',16),ylabel('y','fontsize',16);
xlim([ - 5 5]);

function[y,ny] = conv_w(x,nx,h,nh)
nyb = nx(1) + nh(1);nye = nx(length(x)) + nh(length(h));
ny = [nyb:nye];y = conv(x,h);
```

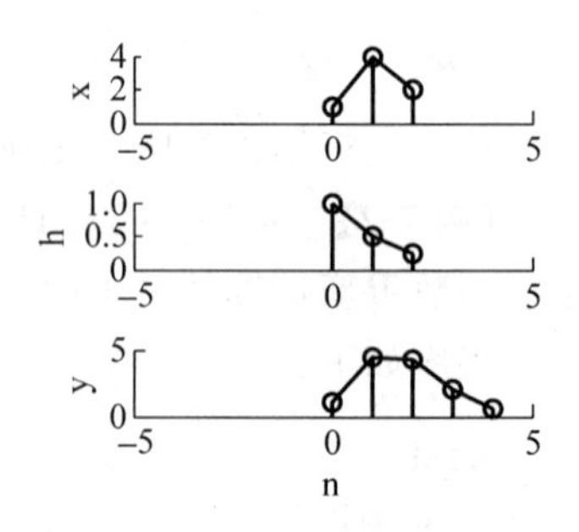

图 7-2 调用 conv_w 函数计算有限长序列的褶积

程序运行结果如图 7-2 所示。

【例 7-3】 调用 conv 函数求例 7-1 的线性褶积。

程序如下：

```
% Lab7_3.m
clear all
x = [1 4 2];
N1 = length(x);n1 = 0:N1 - 1;
h = [1 0.5 0.25];
N2 = 3;n2 = 0:N2 - 1;
N = N1 + N2 - 1;
y = conv(x,h);
figure
subplot(3,1,1),plot(n1,x,'linewidth',4);
ylabel('x','fontsize',16);
hold on
stem(n1,x,'linewidth',4);
ylabel('x','fontsize',16);
xlim([ - 5 5]);
subplot(3,1,2),plot(n2,h,'linewidth',4);
ylabel('h','fontsize',16);
hold on
stem(n2,h,'linewidth',4);
ylabel('h','fontsize',16);
xlim([ - 5 5]);
subplot(3,1,3),plot((0:length(y) - 1),y,'linewidth',4);
xlabel('n','fontsize',16),ylabel('y','fontsize',16);
hold on
stem((0:length(y) - 1),y,'linewidth',4);
xlabel('n','fontsize',16),ylabel('y','fontsize',16);
xlim([ - 5 5]);
```

程序运行结果如图 7-3 所示。

【例 7-4】 构造不同长度序列并计算其线性卷积。

程序如下：

```
% Lab7_4.m
nx = 0:10;
x = 0.5.^nx;
nh = 0:2;
Nh = length(nh);
h = ones(1,Nh);
y = conv(x,h);
figure
subplot(311),stem(nx,x,'linewidth',4);
ylabel('x','fontsize',16);
subplot(312),stem(nh,h,'linewidth',4);
ylabel('h','fontsize',16);
subplot(313),stem(y,'linewidth',4);
xlabel('n','fontsize',16),ylabel('y','fontsize',16);
```

程序运行结果如图 7-4 所示。

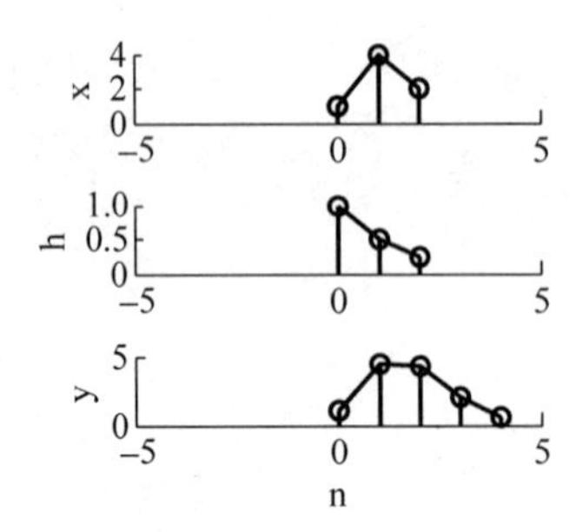

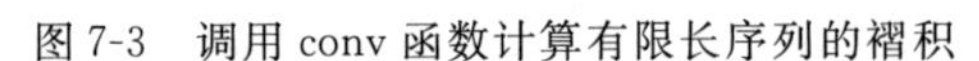
图 7-3　调用 conv 函数计算有限长序列的褶积

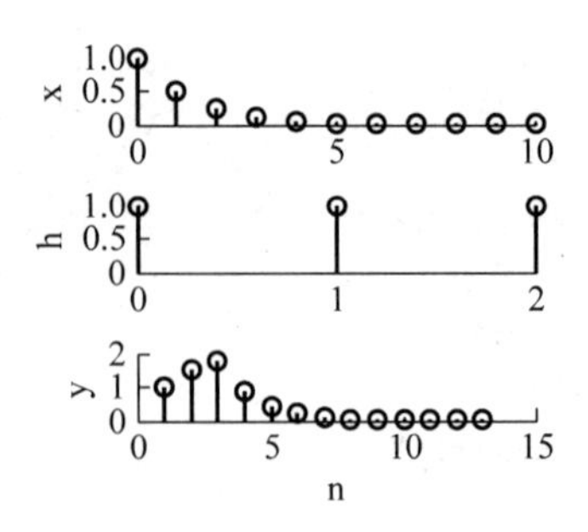

图 7-4　不同长度序列的线性褶积

【例 7-5】 构造不同长度序列，计算并绘制线性卷积结果。

程序如下：

```
% Lab7_5.m
nx = 0:10;
x = 0.5 * nx;
nh = 0:2;
Nh = length(nh);
h = ones(1,Nh);
y = conv(x,h);
figure
subplot(311),stem(nx,x,'linewidth',4);
ylabel('x','fontsize',16);
ylim([0 6]);
subplot(312),stem(nh,h,'linewidth',4);
ylabel('h','fontsize',16);
subplot(313),stem(y,'linewidth',4);
xlabel('n','fontsize',16);
ylabel('y','fontsize',16);
xlim([0 21]);
figure
nh = 0:10;
Nh = length(nh);
h = ones(1,Nh);
y = conv(x,h);
subplot(311),stem(nx,x,'linewidth',4);
ylabel('x','fontsize',16);
ylim([0 6]);
subplot(312),stem(nh,h,'linewidth',4);
ylabel('h','fontsize',16);
subplot(313),stem(y,'linewidth',4);
xlabel('n','fontsize',16),ylabel('y','fontsize',16);
xlim([0 21]);
```

程序运行结果如图 7-5 和图 7-6 所示。

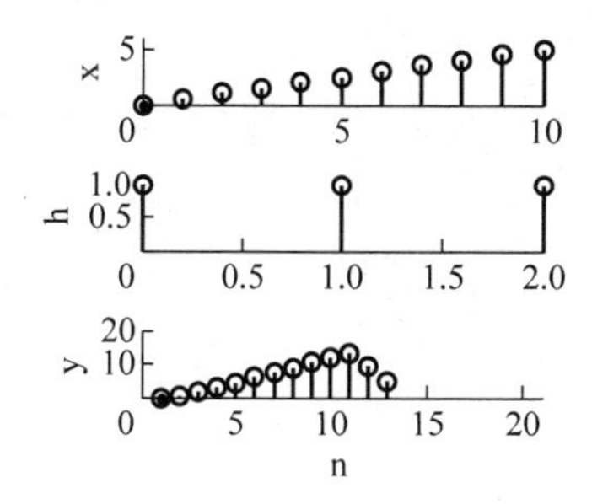

图 7-5　不同长度序列(h 的长度是 3)的褶积结果

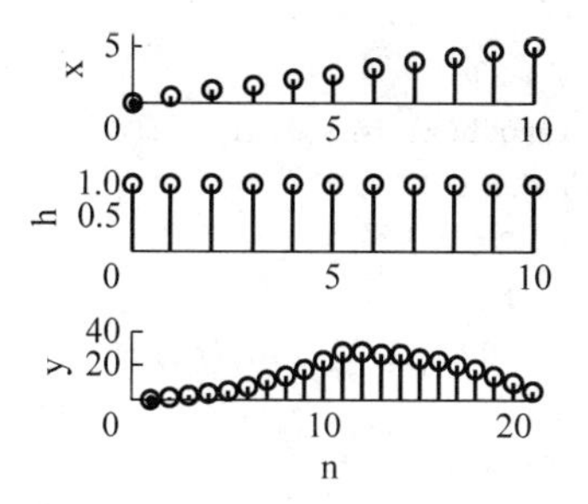

图 7-6　不同长度序列(h 的长度是 11)的褶积结果

【例 7-6】　将例 7-5 中的序列 h 左移 5 个单位,然后调用 conv_y 函数计算并绘制线性卷积。

程序如下:

```
%lab7_6.m
clear all
n1 = 0:10;
x = 0.5 * n1;
n2 = - 5:5;
Nh = length(n2);
h = ones(1,Nh);
[y,ny] = conv_w(x,n1,h,n2);
figure
subplot(3,1,1),plot(n1,x,'linewidth',4);
ylabel('x','fontsize',16);
hold on
stem(n1,x,'linewidth',4)
ylabel('x','fontsize',16);
xlim([0 10]);
subplot(3,1,2),plot(n2,h,'linewidth',4);
ylabel('h','fontsize',16);
hold on
stem(n2,h,'linewidth',4);
ylabel('h','fontsize',16);
xlim([ - 5 5]);
subplot(3,1,3),plot(ny,y,'linewidth',4);
xlabel('n','fontsize',16),ylabel('y','fontsize',16);
hold on
stem(ny,y,'linewidth',4);
xlabel('n','fontsize',16),ylabel('y','fontsize',16);
xlim([ - 5 15]);
```

程序运行结果如图 7-7 所示。

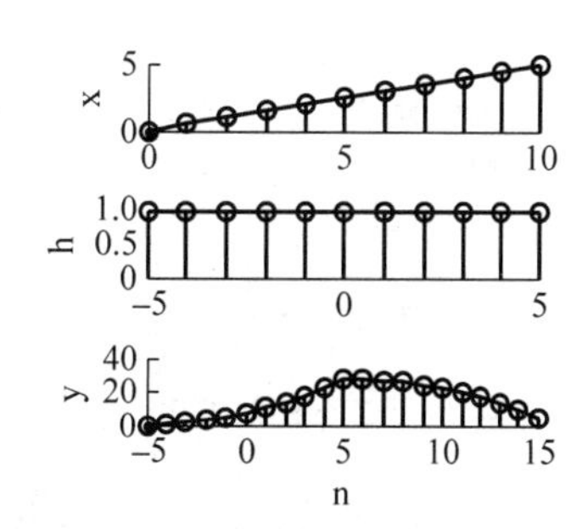

图 7-7　序号左移序列的褶积结果

【例 7-7】　线性卷积动画演示。

程序如下:

```
%Lab7_7.m
clear all
```

```
clf
x = [1 4 2];
N1 = length(x);n1 = 0:N1 - 1;
h = [1 0.5 0.25];
N2 = 3;n2 = 0:N2 - 1;
N = N1 + N2 - 1;
subplot(N + 3,1,1),plot(n1,x);
hold on
stem(n1,x);
xlim([ - 5 5]);
pause(1)
subplot(N + 3,1,2),plot(n2,h);
hold on
stem(n2,h);
xlim([ - 5 5]);
pause(1)
% --- [hf,nhf] = sigfold(h,n2); ---------------------------
nhf = - fliplr(n2);hf = fliplr(h);
for i = 0:N1 + N2 - 2
% --------- [hf2 nhf2] = sigshift(hf,nhf,2); -----------------------
nhf1 = nhf + i;
hf1 = hf;
% ---------------------------------
subplot(N + 3,1,i + 3),plot(nhf1,hf1);
hold on
stem(nhf1,hf1);
xlim([ - 5 5]);
pause(1);
% ------- [xh,nxh] = sigmult(x,n1,hf,nhf); ---
min_n1 = n1(1);
min_nhf1 = nhf1(1);
max_n1 = min_n1 + length(n1) - 1;
max_nhf1 = min_nhf1 + length(nhf1) - 1;
ny = [min(min_n1,min_nhf1):max(max_n1,max_nhf1)];
y1 = zeros(1,length(ny));y2 = y1;
% xx1(find((ny >= nx1)&(ny <= nf1) == 1)) = x1;
y1(find((ny >= min_n1)&(ny <= max_n1) == 1)) = x;
y2(find((ny >= min_nhf1)&(ny <= max_nhf1) == 1)) = hf1;
yk = sum(y1. * y2);
y(i + 1) = yk;
subplot(N + 3,1,8),stem(i,yk);xlim([ - 5 5]);
hold on;
pause(1)
end
```

三、实验内容

编写程序，计算并绘制下列序列的卷积波形：

(1) $x_1(n)=u(n)$，$x_2(n)=\exp(0.2n)u(n)$；$(0\leqslant n<20)$

(2) $x(n)=\sin(n/2)$，$h(n)=(0.5)^n$；$(-5\pi \leqslant n \leqslant 5\pi)$

四、实验预习

阅读实验原理，编写实验程序，了解 conv 函数的使用方法。

五、实验报告

打印实验程序和实验程序产生的图形。

实验八

离散系统的冲激响应和阶跃响应

一、实验目的

(1) 熟练使用库函数 impz、dstep 计算离散时间系统的阶跃响应和冲激响应;

(2) 掌握使用线性褶积 conv 函数计算离散时间系统的冲激响应;

(3) 熟练使用库函数 filter,求解输出信号。

二、实验原理

1. 脉冲响应

给系统输入脉冲信号,系统的输出信号称为脉冲响应,见式(8-1):

$$h(n) \equiv \Gamma[\delta(n)] \tag{8-1}$$

2. 频率响应

系统脉冲响应的傅里叶变换称为系统的频率响应,见式(8-2)和式(8-3):

$$H(f) = \sum_{n=-\infty}^{+\infty} h(n)\mathrm{e}^{-\mathrm{j}2\pi fn} \tag{8-2}$$

$$H(\mathrm{e}^{\mathrm{j}\omega}) = \sum_{n=-\infty}^{+\infty} h(n)\mathrm{e}^{-\mathrm{j}n\omega} \tag{8-3}$$

3. 系统函数

系统脉冲响应的 z 变换称为系统的系统函数,见式(8-4):

$$H(z) = \sum_{n=-\infty}^{+\infty} h(n)z^{-n} \tag{8-4}$$

4. 线性时不变系统的输出与输入的关系

在时间域,线性时不变弛豫(linear time invariant,LTI)系统的输出信号是输入信号与系统脉冲响应的褶积,见式(8-5):

$$y(n) = x(n) \otimes h(n) \tag{8-5}$$

【例 8-1】 已知系统差分方程为 $y(n)=x(n)+2x(n-1)+x(n-2)-0.45y(n-1)-$

$0.25y(n-2)$，(1)试绘制系统的幅频响应和相频响应及脉冲响应曲线；(2)设计输入信号，检测该系统的性质，并绘制系统的输入和输出信号。

对差分方程两边进行 z 变换，可得系统的传递函数，见式(8-6)：

$$H(z)=\frac{1+2z^{-1}+z^{-2}}{1+0.45z^{-1}+0.25z^{-2}} \tag{8-6}$$

程序如下：

```
% Lab8_1.m
clf;
b = [1 2 1]; a = [1 0.45 0.25];
m = 0:length(b) - 1;
n = 0:length(a) - 1;
K = 512;
k = 1:K;
w = pi * k/K;
num = b * exp( - j * m' * w);
den = a * exp( - j * n' * w);
H = num./den;
magH = 20 * log10(abs(H));
phaH = angle(H);
%%
figure(1)
subplot(3,1,2),plot(w/pi,magH,'k','linewidth',2.5);
ylabel('magH','fontsize',14);
box off;
subplot(3,1,3),
phaH = phaH * 180/pi;
plot(w/pi,phaH,'k','linewidth',2.5);
xlabel('w/pi','fontsize',14);
ylabel('phaH','fontsize',14);
box off;
nh = 0:20;
h = impz(b,a,nh);
subplot(3,1,1),plot(nh,h,'k','linewidth',2.5);
xlabel('nh','fontsize',14);ylabel('h','fontsize',14);
box off;
%%
figure(2)
N = 100;dt = 1;n = 0:N - 1;t = n * dt;
x = 2 * sin(0.05 * pi * t) + 4 * sin(0.9 * pi * t);
y = filter(b,a,x);
subplot(211)
plot(n,x,'k','linewidth',2.5);
ylabel('x','fontsize',14);
box off;
subplot(212)
plot(n,y,'k','linewidth',2.5);
xlabel('n','fontsize',14);ylabel('y','fontsize',14);
box off;
```

程序运行结果如图 8-1 和图 8-2 所示。

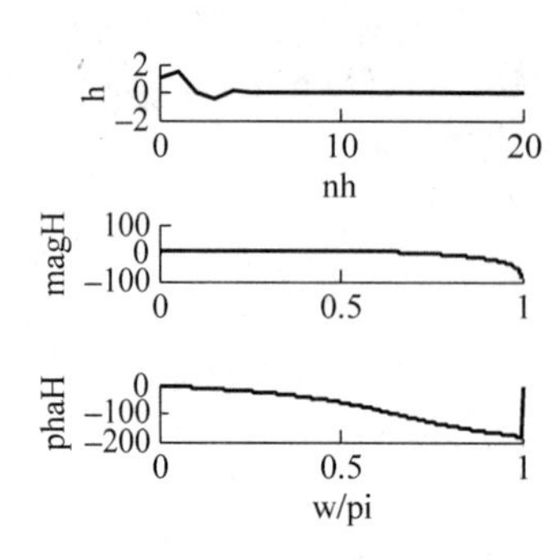

图 8-1 系统的幅频响应和相频响应及脉冲响应

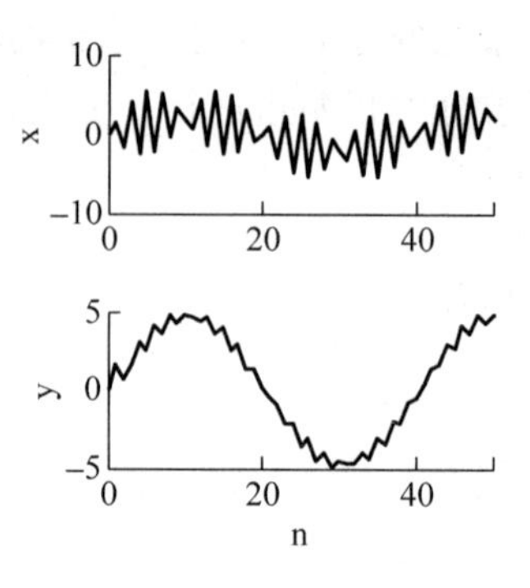

图 8-2 系统的输入和输出信号

【例 8-2】 已知系统的系统函数为 $H(z)=\frac{0.15}{1-0.8z^{-1}}$,(1)求解并绘制该系统的单位冲激响应和频率响应;(2)设计输入信号,检测该系统的性质,并绘制输入和输出信号。

程序如下:

```
%Lab8_2.m
b = 0.15;
a = [1 -0.8];
N = 100;
dt = 1;n = 0:N-1;
t = n * dt;
x = 2 * sin(0.05 * pi * t) + 0.2 * randn(1,N);
imp = [1,zeros(1,N-1)];
h = filter(b,a,imp);
yc = conv(h,x);
y = yc(1:N);
y1 = filter(b,a,x);

%%
figure(2)
subplot(3,1,1),
plot(t,x,'k','linewidth',2.5);
ylabel('x','fontsize',14);
box off;

subplot(3,1,2),plot(t,y,'k','linewidth',2.5);
ylabel('y','fontsize',14);
box off;

subplot(3,1,3), plot(t,y1,'k','linewidth',2.5);
ylabel('y1','fontsize',14);
xlabel('t','fontsize',14);
box off;

%%
figure(1)
```

```
subplot(3,1,1),
plot(n,h,'k','linewidth',2.5);
xlim([0 25])
ylabel('h','fontsize',14);
xlabel('n','fontsize',14);
box off;

m = 0:length(b) - 1; n = 0:length(a) - 1;
K = 512;
k = 1:K;w = pi * k/K;
num = b * exp( - j * m' * w);
den = a * exp( - j * n' * w);
H = num./den;
magH = abs(H);
phaH = angle(H);
subplot(3,1,2),plot(w/pi,magH,'k','linewidth',2.5);
ylabel('magH','fontsize',14);
box off;

subplot(3,1,3)
plot(w/pi,phaH,'k','linewidth',2.5);
xlabel('w/pi','fontsize',14);
ylabel('phaH','fontsize',14);
box off;
```

程序运行结果如图 8-3 和图 8-4 所示。

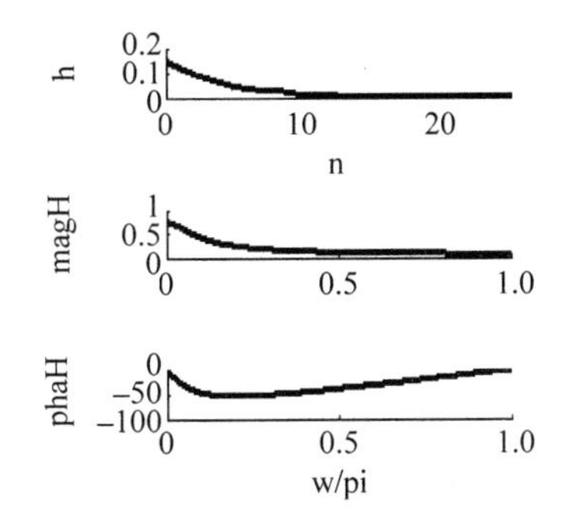

图 8-3　系统的脉冲响应、幅频响应及相频响应

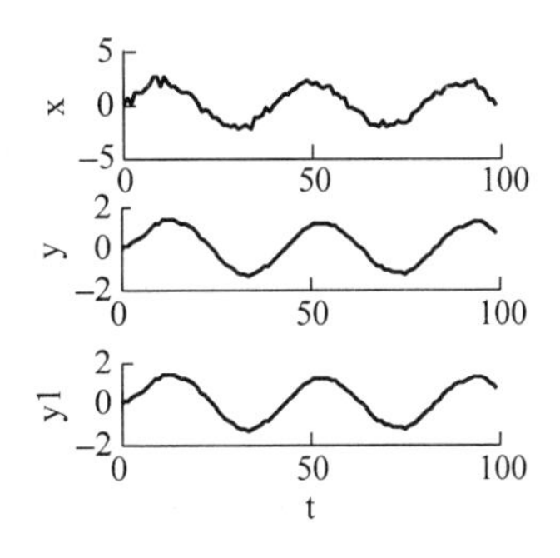

图 8-4　系统的输入和输出信号波形

【例 8-3】 已知一因果系统的差分方程为

$$8y(n) - 2y(n-4) = x(n) - 4x(n-2) + 4x(n-4) - x(n-6)$$

满足初始条件 $y(-1)=0$，$x(-1)=0$。求解并绘制该系统的单位冲激响应和单位阶跃响应。

程序如下：

```
% Lab8_3.m
clear all
close all
x01 = 0;y01 = 0;N = 30;
```

```
a = [1,0,0,0, - 1/4,0,0];
b = [1/8,0, - 1/2,0,1/2,0, - 1/8];
xi = filtic(b,a,y01,x01);
n = 0:N - 1;
x1 = [1 zeros(1,N - 1)];
hn = filter(b,a,x1,xi);
x2 = [n >= 0];
gn = filter(b,a,x2,xi);
% %
figure(1)
hn1 = impz(b,a,n);
gn1 = dstep(b,a,n);
subplot(211),plot(n,hn1,'k - .','linewidth',2.5);
hold on;
plot(n,hn,'k - ','linewidth',2.5);
ylabel('hn','fontsize',14);
box off;
legend('hn1','hn');
subplot(212),plot(gn1,'k - .','linewidth',2.5);
hold on;
plot(n,gn,'k - ','linewidth',2.5);
ylabel('gn','fontsize',14);
xlabel('n','fontsize',14);
box off;
legend('gn1','gn');
```

程序运行结果如图 8-5 所示。

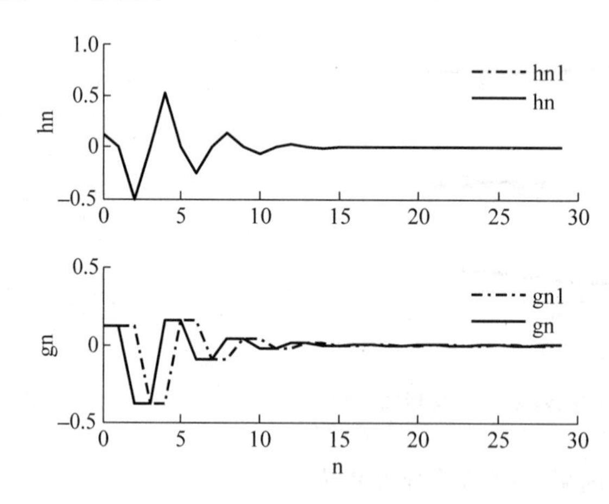

图 8-5 调用不同函数得到的系统脉冲响应及阶跃响应

三、实验内容

已知系统的传递函数为

$$H(z) = \frac{0.1311 + 0.2622z^{-1} + 0.1311z^{-2}}{1 - 0.7478z^{-1} + 0.2722z^{-2}}$$

(1) 求系统的单位脉冲响应 $h(n)$并绘制响应曲线；

(2) 设系统输入为 $x(n)=\left(\frac{1}{2}\right)^n u(n)+0.1\sin(\pi n)$，利用卷积定理求滤波器的输出并绘制输出曲线；

(3) 设系统输入为 $x(n)=\left(\frac{1}{2}\right)^n u(n)+\sin(0.5\pi n)$，直接利用函数 filter 求滤波器输出并绘制输出曲线；

(4) 比较(2)、(3)的结果，分析输出曲线的异同。

四、实验预习

认真阅读实验原理，预先编写实验程序。

五、实验报告

打印编写的实验程序和实验程序运行结果图件。

实验九

离散系统的零极点分析

一、实验目的

(1) 了解离散系统的零点、极点与系统因果性和稳定性的关系；

(2) 分析离散系统零点、极点对系统冲激响应的影响；

(3) 熟练使用库函数 zplane(z,p,k)、zplane(b,a)绘制离散系统的零极点分布图，使用roots(b)、roots(a)求解多项式的根。

二、实验原理

1. 系统的零点、极点形式

具有有理系统函数的模拟滤波器可用线性常系数微分方程描述为

$$\sum_{k=0}^{N}\alpha_k \frac{\mathrm{d}^k y(t)}{\mathrm{d}t^k} = \sum_{k=0}^{M}\beta_k \frac{\mathrm{d}^k x(t)}{\mathrm{d}t^k} \tag{9-1}$$

式中，α_k 和 β_k 是滤波器的系数，$x(t)$和 $y(t)$分别表示滤波器的输入和输出信号。

线性时不变系统可用线性常系数差分方程描述为

$$\sum_{k=0}^{N}a_k y(n-k) = \sum_{k=0}^{M}b_k x(n-k), \quad a_0 \equiv 1 \tag{9-2}$$

式中 N 称为差分方程的阶或者系统的阶。

对差分方程作 z 变换，可得系统函数，见式(9-3)和式(9-4)。

$$\sum_{k=0}^{N}a_k Y(z)z^{-k} = \sum_{k=0}^{M}b_k X(z)z^{-k} \tag{9-3}$$

$$H(z) = \frac{Y(z)}{X(z)} = \frac{\sum_{k=0}^{M}b_k z^{-k}}{1+\sum_{k=1}^{N}a_k z^{-k}} \tag{9-4}$$

系统函数的零点、极点形式为

$$H(z)=\frac{Y(z)}{X(z)}=\frac{b_0}{a_0}z^{N-M}\frac{\prod_{k=1}^{M}(z-z_k)}{\prod_{k=1}^{N}(z-p_k)} \tag{9-5}$$

其中，z_k 是使系统函数为零的点，称为系统 $H(z)$的零点，p_k 是使系统函数为无穷大的点，通常称之为系统 $H(z)$的极点，b_0/a_0 称为系统的增益。

2. 系统的因果性

(1) 系统具有因果性的充要条件是 $h(n)=0, n<0$。

(2) 单位脉冲响应就是系统输入 $\delta(n)$时，系统的零状态输出响应。

(3) 系统函数 $H(z)$是脉冲响应 $h(n)$的 z 变换，即

$$H(z)=\sum_{n=-\infty}^{\infty}h(n)z^{-n}$$

(4) 系统的因果性指的是系统的可实现性，如果系统可实现，其单位冲激响应一定是因果序列，因果序列 z 变换的收敛域为圆的外部。

(5) 因果系统函数的极点均在某个圆内，收敛域包含无穷点。

3. 系统的稳定性

如果系统稳定，则要求 $\sum_{n=-\infty}^{\infty}|h(n)|<\infty$，那么系统一定为能量有限，即在$|z|=1$上的 z 变换收敛，则有

$$\sum_{n=-\infty}^{\infty}|h(n)|=\sum_{n=-\infty}^{\infty}\left|h(n)z^{-n}\right|\Big|_{z=1}<\infty \tag{9-6}$$

因此，系统稳定时，系统函数的收敛域一定包含单位圆，或者说系统函数的极点不能位于单位圆上。

系统因果稳定的条件为：极点应分布在单位圆内。

4. 系统的零输入响应、零状态响应、总响应、稳态响应和暂态响应。

零输入响应：只与系统的初始状态有关的响应。

零状态响应：在零初始条件下，系统的响应。

总响应：线性系统的总响应，是零输入响应和零状态响应之和。

稳态响应：当时间趋于无穷时，系统响应中不会趋于零的部分。

暂态响应：当时间趋于无穷时，系统响应中消失的部分。

【例 9-1】 已知系统的差分方程为 $y(n)=by(n-1)+x(n)$，$|b|<1$，$n\geqslant 0$，输入信号为 $x(n)=a^n u(n)$，$|a|\leqslant 1$，初始条件为 $y(-1)=2$，求系统的输出响应。

解：对给定的输入信号和差分方程进行 z 变换得

$$X(z)=\frac{1}{1-az^{-1}}$$

$$Y(z)=bz^{-1}Y(z)+by(-1)+X(z)$$

代入初始条件并整理得

$$Y(z)=\frac{by(-1)+X(z)}{1-bz^{-1}}=\frac{by(-1)}{1-bz^{-1}}+\frac{1}{(1-az^{-1})(1-bz^{-1})}$$

上式的收敛域取$|z|>\max(|a|,|b|)$，得到系统的输出为

$$y(n) = 2b^{n+1}u(n) + \frac{(a^{n+1} - b^{n+1})u(n)}{a-b}$$

式中第一项与输入信号无关,只与系统的初始状态有关(若 $y(-1)=0$,则此项为零),被称为零输入响应;第二项与初始状态无关,只与输入信号有关,称为系统的零状态响应。总的输出称为全响应。

当 $a=1, b=0.8$ 时,编写如下程序:

```
% Lab9_1.m
a = 1.0;b = 0.8;
B = 1;A = [1 -b];
n = 0:29;xn = a.^n;
ys = [-2];
xi = filtic(B,A,ys);
yn = filter(B,A,xn,xi);                          % yn 为总响应
yn0 = filter(B,A,xn);                            % yn0 为零状态响应
%%
figure(1)
subplot(311),stem(n,yn,'k.','linewidth',2.5);
ylabel('yn','fontsize',14);
ylim([0 6]);
box off;
subplot(312),stem(n,yn0,'k.','linewidth',2.5);
ylabel('yn0','fontsize',14);
ylim([0 6]);
box off;
subplot(313),stem(n,yn-yn0,'k.','linewidth',2.5);
% yn-yn0 为零输入响应
box off;
xlabel('n','fontsize',14);
ylabel('yn-yn0','fontsize',14);
ylim([-2 1]);
```

程序运行结果如图 9-1 所示。

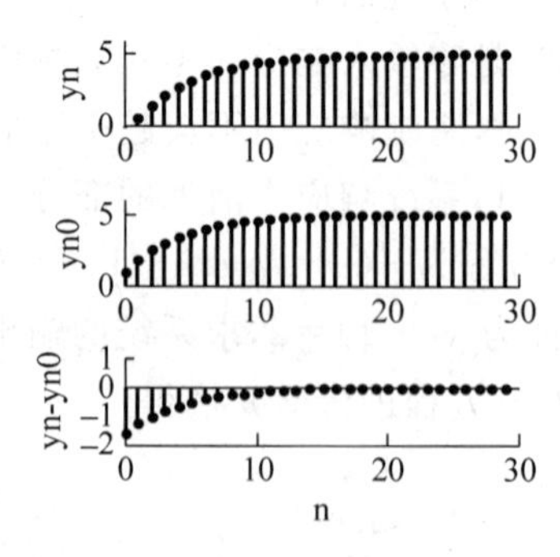

图 9-1 系统的总响应、零状态响应及零输入响应

【例 9-2】 分析右半平面的实数极点对系统响应的影响,系统函数如下:

$$H_1(z) = \frac{1}{1-0.8z^{-1}}, \quad H_2(z) = \frac{1}{1-z^{-1}}, \quad H_3(z) = \frac{1}{1-1.8z^{-1}}$$

试绘制上述系统的零点、极点分布图以及系统的冲激响应，判断系统的稳定性。

程序如下：

```
% Lab9_2.m
clear all
close all
z1 = [0]';
p1 = [0.8]';
k = 1;
[b1,a1] = zp2tf(z1,p1,k);
IP = z1;
RP = p1;
% %
% 系统 1 对应图 9 - 2
figure(1)
subplot(211),
zplane(z1,p1);
box off;
h1 = impz(b1,a1,20);
subplot(212),stem(h1,'k','linewidth',2.5);
xlabel('n','fontsize',14);
ylabel('h1','fontsize',14);
box off;
% %
% %
% 系统 2 对应图 9 - 3

figure(2)
z2 = [0]';
p2 = [1]';
k = 1;
[b2,a2] = zp2tf(z2,p2,k);
IP = z2;
RP = p2;
subplot(211),zplane(z2,p2);
box off;
h2 = impz(b2,a2,20);
subplot(212),stem(h2,'k','linewidth',2.5);
xlabel('n','fontsize',14);
ylabel('h2','fontsize',14);
box off;
% %
figure(3)
% %
% 系统 3 对应图 9 - 4
z3 = [0]';
p3 = [1.8]';
k = 1;
[b3,a3] = zp2tf(z3,p3,k);
IP = z3;
```

```
RP = p3;
subplot(211),zplane(z3,p3);
box off;
h3 = impz(b3,a3,20);
subplot(212),stem(h3/1e4,'k','linewidth',2.5);
xlabel('n','fontsize',14);
ylabel('h3','fontsize',14);
box off;
```

程序运行结果如图 9-2～图 9-4 所示。

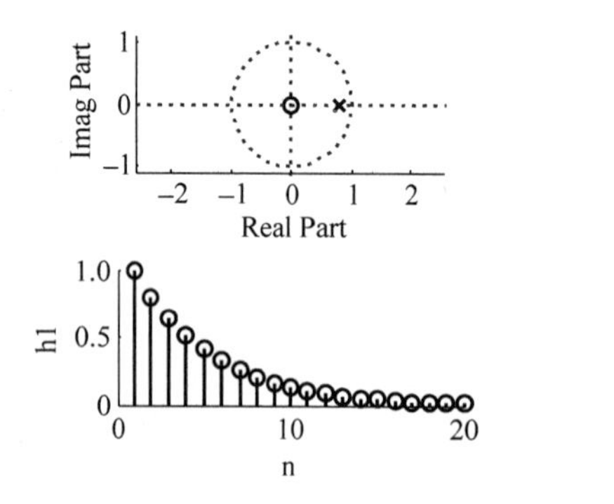

图 9-2　系统 1 的零点、极点分布及脉冲响应

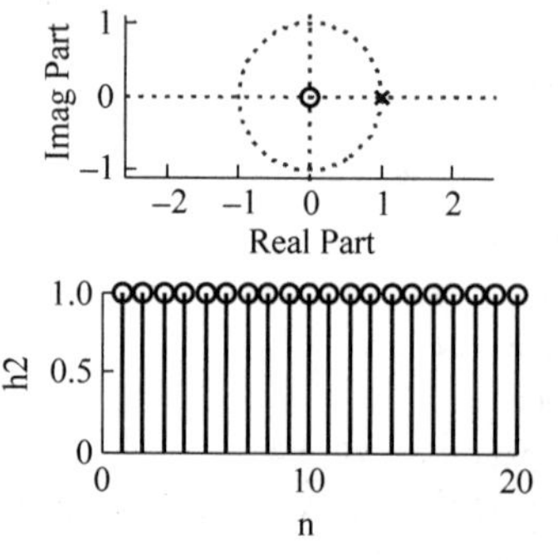

图 9-3　系统 2 的零点、极点分布及脉冲响应

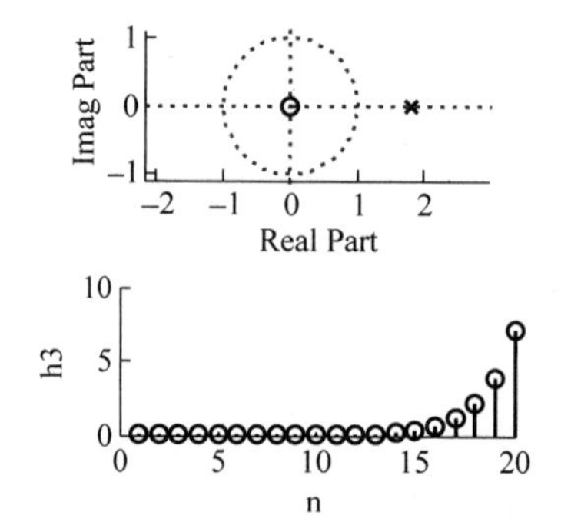

图 9-4　系统 3 的零点、极点分布及脉冲响应

三、实验内容

(1) 研究 z 左半平面的实数极点对系统响应的影响。

已知系统的零点、极点增益模型分别为

$$H(z)=\frac{1}{1+0.8z^{-1}},\quad H(z)=\frac{1}{1+z^{-1}},\quad H(z)=\frac{1}{1+1.8z^{-1}}$$

试绘出这些系统的零点、极点分布图及系统的冲激响应,并判断系统的稳定性。

(2) 研究 z 右半平面的复数极点对系统响应的影响。

已知系统的零点、极点增益模型分别为

$$H(z)=\frac{z(z-0.4)}{(z-0.5-0.7\mathrm{j})(z-0.5+0.7\mathrm{j})}$$

$$H(z)=\frac{z(z-0.4)}{(z-0.6-0.8\mathrm{j})(z-0.6+0.8\mathrm{j})}$$

$$H(z)=\frac{z(z-0.4)}{(z-1-\mathrm{j})(z-1+\mathrm{j})}$$

试绘出这些系统的零点、极点分布图及系统的冲激响应，并判断系统的稳定性。

(3) 已知离散时间系统的传递函数为

$$H(z)=\frac{0.2+0.1z^{-1}+0.3z^{-2}+0.1z^{-3}+0.2z^{-4}}{1-1.1z^{-1}+1.5z^{-2}-0.7z^{-3}+0.3z^{-4}}$$

① 绘制该系统的零点、极点分布图；

② 求该系统的冲激响应，并绘图；

③ 求该系统的频率响应，并绘制幅频响应和相频响应曲线；

④ 判断该系统的因果稳定性。

四、实验预习

认真阅读实验原理，明确本次实验任务，了解实验方法。预先编写实验程序。

五、实验报告

打印实验程序及图件。

六、实验参考

(1) 参考例 9-1

设 $x(n)=a^n u(n)$，求其 z 变换，并确定收敛域。

解：$X(z)=\sum\limits_{n=-\infty}^{\infty}a^n u(n)z^{-n}=\sum\limits_{n=0}^{\infty}(az^{-1})^n$

为使 $X(z)$ 收敛，要求 $\sum\limits_{n=0}^{\infty}|az^{-1}|^n<\infty$，即 $|az^{-1}|<1$，因此 $|z|>|a|$，这样得到

$$X(z)=\frac{1}{1-az^{-1}},\quad |z|>|a|$$

$|z|>|a|$ 就是该 z 变换的收敛域。

(2) 参考例 9-2

设 $X(z)=\frac{1}{1-az^{-1}}$，$|z|>|a|$，求 $x(n)$。

解：

$$X(z)=\frac{1}{1-az^{-1}}$$

因为 $|az^{-1}|<1$，所以

$$X(z)=\sum_{n=0}^{\infty}(az^{-1})^n=\sum_{n=-\infty}^{\infty}a^n u(n)z^{-n}$$

所以 $x(n)=a^n u(n)$。

(3) 参考例 9-3

设 $x(n)=a^n u(n)$,求其 z 变换,并确定收敛域。

解: $X(z)=\sum_{n=-\infty}^{\infty} a^n u(n) z^n=\sum_{n=0}^{\infty}(az)^n$

为使 $X(z)$ 收敛,要求 $\sum_{n=0}^{\infty}|az|^n<\infty$,即 $|az|<1$,因此 $|z|<\frac{1}{|a|}$,这样得到

$$X(z)=\frac{1}{1-az},\quad |z|<\frac{1}{|a|}$$

$|z|<\frac{1}{|a|}$就是该 z 变换的收敛域。

(4) 参考例 9-4

设 $X(z)=\frac{1}{1-az}$, $|z|<\frac{1}{|a|}$,求 $x(n)$。

解: $X(z)=\frac{1}{1-az}=\sum_{n=0}^{\infty}(az)^n=\sum_{n=-\infty}^{\infty} a^n u(n) z^n$

因为 $|az|<1$,所以 $x(n)=a^n u(n)$。

(5) 参考例 9-5

已知系统函数 $H(z)=\frac{1-a^2}{(1-az)(1-az^{-1})}$, $|a|<1$,试分析该系统的因果性和稳定性。

解:该系统有两个极点: $z=a$, $z=a^{-1}$。根据系统的极点分布情况可知,系统的因果性和稳定性有三种情况,分别分析如下。

① 收敛域 $|a^{-1}|<|z|\leqslant\infty$。由于收敛域包含无穷点,因此系统是因果系统。但由于 $|a^{-1}|>1$,收敛域不包含单位圆,因此系统不稳定。可以求出系统的单位脉冲响应为 $h(n)=(a^n-a^{-n})u(n)$。观察该式,$h(n)$确实是因果序列,但是一个发散序列,系统不稳定。

② 收敛域 $a<|z|\leqslant a^{-1}$。由于收敛域包含单位圆,系统稳定;但收敛域不包含∞,系统不是因果系统。前面已经求出 $h(n)=a^{|n|}$,这是一个双边序列,也说明系统稳定但不是因果系统。

③ 收敛域 $|z|<|a|$。由于收敛域既不包含无穷点,也不包含单位圆,因此系统既不稳定,也不是因果系统;可以求出单位脉冲响应 $h(n)=(a^n-a^{-n})u(-n-1)$。由单位脉冲响应也可证实系统是非因果不稳定系统。

常见序列的 z 变换及其收敛域见表 9-1。

表 9-1 常见序列的 z 变换及其收敛域

序列	z 变换	收敛域
$\delta(n)$	1	$0\leqslant\|z\|\leqslant\infty$
$\delta(n-k)$	z^{-k}	$0\leqslant\|z\|\leqslant\infty$
$u(n)$	$\frac{1}{1-z^{-1}}$	$1<\|z\|\leqslant\infty$

续表

序列	z 变换	收敛域
$a^n u(n)$	$\frac{1}{1-az^{-1}}$	$\|a\|<\|z\|\leqslant\infty$
$-a^n u(-n-1)$	$\frac{1}{1-az^{-1}}$	$0\leqslant\|z\|<\|a\|$
$w_N(n)$	$\frac{1-z^{-N}}{1-z^{-1}}$	$0<\|z\|\leqslant\infty$
$nu(n)$	$\frac{z^{-1}}{(1-z^{-1})^2}$	$1<\|z\|\leqslant\infty$
$na^n u(n)$	$\frac{az^{-1}}{(1-az^{-1})^2}$	$\|a\|\leqslant\|z\|\leqslant\infty$
$\mathrm{e}^{\mathrm{j}\omega_0 n}u(n)$	$\frac{1}{1-\mathrm{e}^{\mathrm{j}\omega_0}z^{-1}}$	$1<\|z\|\leqslant\infty$
$\sin(\omega_0 n)u(n)$	$\frac{\sin\omega_0 z^{-1}}{1-2\cos\omega_0 z^{-1}+z^{-2}}$	$1<\|z\|\leqslant\infty$
$\cos(\omega_0 n)u(n)$	$\frac{1-\cos\omega_0 z^{-1}}{1-2\cos\omega_0 z^{-1}+z^{-2}}$	$1<\|z\|\leqslant\infty$

实验十

离散信号的希尔伯特变换

一、实验目的

(1) 深刻理解希尔伯特滤波的本质；

(2) 熟练使用 hilbert(x)函数求解时间序列信号的希尔伯特变换；

(3) 熟练编写程序计算离散信号的包络、瞬时相位、瞬时频率。

二、实验原理

1. 实信号的解析信号

设实信号 $x(t)$的傅里叶变换为 $X(F)$，那么，$x(t)$对应的解析信号 $q(t)$为

$$q(t) = \int_{0}^{+\infty} 2X(F)\mathrm{e}^{\mathrm{j}2\pi Ft}\,\mathrm{d}F \tag{10-1}$$

$q(t)$的频谱为

$$Q(F) = X(F)H(F) \tag{10-2}$$

其中 $H(F)=\begin{cases}2, & F>0\\ 0, & F<0\end{cases}$，$H(F)$的逆傅里叶变换 $h(t)$为

$$h(t) = \delta(t) - \frac{1}{\mathrm{j}\pi t} \tag{10-3}$$

2. 实信号的希尔伯特变换

实信号 $x(t)$的解析信号可写成

$$\begin{aligned} q(t) &= x(t) \otimes h(t) \\ &= x(t) \otimes \left[\delta(t) - \frac{1}{\mathrm{j}\pi t}\right] \\ &= x(t) + \mathrm{j}x(t) \otimes h(t) \\ &= x(t) + \mathrm{j}x(t) \end{aligned} \tag{10-4}$$

其中 $x(t)=x(t)\otimes h(t)$，$h(t)=\dfrac{1}{\pi t}$。

$h(t)$的频谱 $H(F)$见式(10-5),相位谱见式(10-6):

$$H(F)=\begin{cases}-\mathrm{j}, & F>0\\ \mathrm{j}, & F<0\end{cases} \tag{10-5}$$

$$\varphi(F)=\begin{cases}-\dfrac{\pi}{2}, & F>0\\ \dfrac{\pi}{2}, & F<0\end{cases} \tag{10-6}$$

【例 10-1】 试构造一个谐波信号 x_1 和一个衰减谐波信号 x_2,分别计算其希尔伯特变换并绘图。

程序如下:

```
%Lab10_1.m
clear all
N = 200;dt = 0.05;f = 1;
n = 0:N - 1;t = n * dt;
x2 = exp( - 0.5 * t). * cos(2 * pi * f * t);
x1(1:40) = zeros(1,40);
n1 = 41:60;
x1(41:60) = cos(2 * pi * 10 * f * n1 * dt + (n1 * dt).^2);
x1(60:N) = zeros(1,N - 59);
x = x1 + x2;                                      %对应图 10 - 3
x = x1;                                           %对应图 10 - 2
x = x2;                                           %对应图 10 - 1
h = [1,zeros(1,N - 1)];

for i = 0:N - 1
if rem(i,2) == 1
    h(i) = (2/pi)./i;
end
end
%%
[y,ny] = conv_m(x,n,h,n);
y = y(1,1:N);
subplot(611),plot(n,x);
ylabel('x');
subplot(612),plot(n,h);
ylabel('h');
subplot(613),plot(n,y);
ylabel('y');
%
e = (x.^2 + y.^2).^0.5;
subplot(614),plot(n,e);
ylabel('e');
%
theta = atan(y./x);
subplot(615),plot(n,theta);
ylabel('theta');
%
```

```
q = x + j * y;
for i = 2:N
u(i - 1) = imag(2 * [q(i) - q(i - 1)]./[q(i) + q(i - 1)]);
end
subplot(616),plot(u);
xlabel('n');ylabel('u');
```

程序运行结果如图 10-1 所示，改变信号，程序运行结果如图 10-2 和图 10-3 所示。

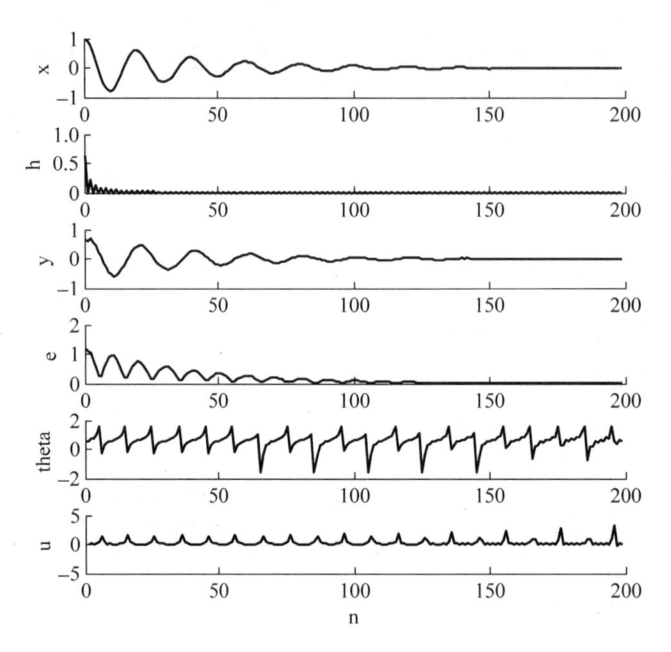

图 10-1　对 x_2 求希尔伯特变换

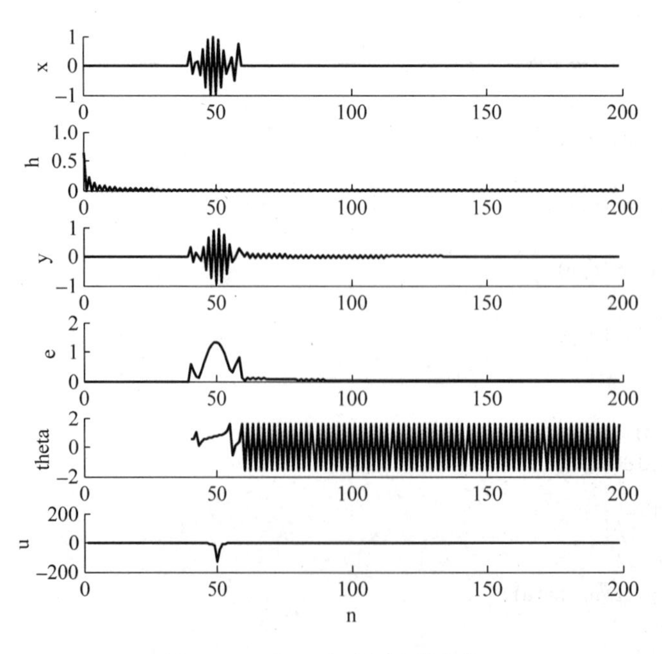

图 10-2　对 x_1 求希尔伯特变换

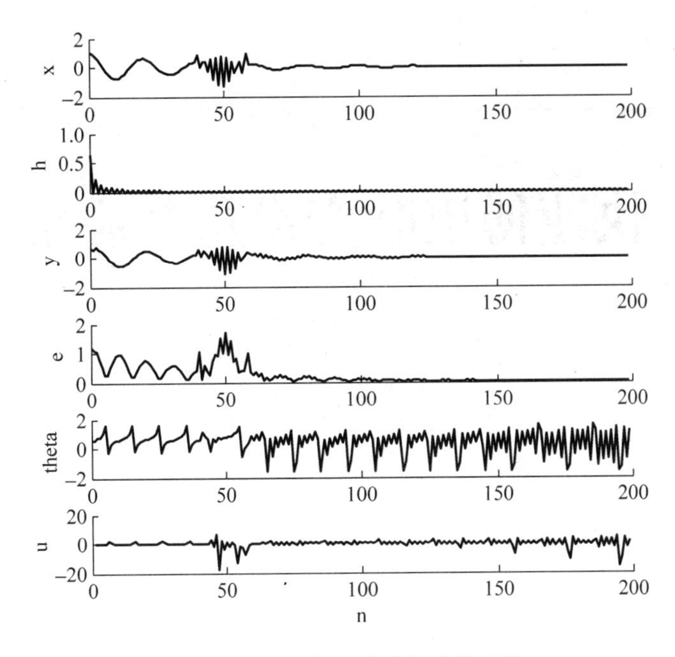

图 10-3　对 x_1+x_2 求希尔伯特变换

三、实验内容

求时间序列信号 $x(n)=e^{-0.1n}\sin(2\pi\times5n+n^4)$的希尔伯特变换，并绘制出包络、瞬时相位、瞬时频率。

四、实验预习

认真阅读实验原理，明确本次实验任务，了解实验方法。预先编写实验程序。

五、实验报告

打印实验程序及图件。

实验十一

快速傅里叶变换及其应用

一、实验目的

(1) 深刻理解快速傅里叶变换(fast Fourier transform，FFT)的基本原理；

(2) 熟练应用 FFT 对信号作频谱分析，并进行简单滤波，通过对实际地震信号作滤波处理，深入理解频谱的含义，并建立滤波器的初步概念。

二、实验原理

1. 有限离散傅里叶变换

有限离散信号 x_n 的傅里叶变换 X_m 见式(11-1)，由 X_m 重建离散信号即逆傅里叶变换见式(11-2)。

$$X_m = \sum_{n=0}^{N-1} x_n \mathrm{e}^{-\mathrm{j}nm\frac{2\pi}{N}},\quad m = 0,1,2,\cdots,N-1;\ n = 0,1,2,\cdots,N-1 \tag{11-1}$$

$$x_n = \frac{1}{N}\sum_{n=0}^{N-1} X_m \mathrm{e}^{\mathrm{j}nm\frac{2\pi}{N}},\quad m = 0,1,2,\cdots,N-1;\ n = 0,1,2,\cdots,N-1 \tag{11-2}$$

2. 基 2 快速傅里叶变换

Cooley-Tukey 于 1965 年给出基 2 快速傅里叶变换算法，大大减少了计算量。

1) FFT 算法的时域分解原理

时域分解原理可以描述为：在时间域，把一个有 $N=2^k$(k 为正整数)项的离散信号按偶奇序号分解为两个有 $N/2$ 项的离散信号，然后由 $N/2$ 项的离散信号频谱计算 N 项离散信号的频谱。分解迭代公式推导如下。

设 $x_n=\{x_0,x_1,x_2,x_3,x_4,x_5,x_6,x_7\}$，偶序列 g_l 和奇序列 h_l 分别为

$$g_l = x_{2l} = \{x_0,x_2,x_4,x_6\} \tag{11-3}$$

$$h_l = x_{2l+1} = \{x_1,x_3,x_5,x_7\} \tag{11-4}$$

偶序列 g_l 和奇序列 h_l 的频谱分别为 G_m 和 H_m，见式(11-5)和式(11-6)。

$$G_m = \sum_{l=0}^{3} g_l W_{\frac{N}{2}}^{lm} = \sum_{l=0}^{3} g_l W_N^{2lm} = \sum_{l=0}^{3} x_{2l} W_N^{2lm} \tag{11-5}$$

$$H_m = \sum_{l=0}^{3} h_l W_{\frac{N}{2}}^{lm} = \sum_{l=0}^{3} h_l W_N^{2lm} = \sum_{l=0}^{3} x_{2l+1} W_N^{2lm} \tag{11-6}$$

序列 x_n 的频谱 X_m 为

$$\begin{aligned} X_m &= \sum_{n=0}^{N-1} x_n W_N^{nm} \\ &= x_0 W_N^{0m} + x_1 W_N^{m} + x_2 W_N^{2m} + x_3 W_N^{3m} + x_4 W_N^{4m} + x_5 W_N^{5m} + x_6 W_N^{6m} + x_7 W_N^{7m} \\ &= (x_0 W_N^{0m} + x_2 W_N^{2m} + x_4 W_N^{4m} + x_6 W_N^{6m}) + (x_1 W_N^{m} + x_3 W_N^{3m} + x_5 W_N^{5m} + x_7 W_N^{7m}), \\ & m = 0,1,\cdots,7 (W_N = \mathrm{e}^{-\mathrm{j}\frac{2\pi}{N}}) \end{aligned} \tag{11-7}$$

当 $m=4,5,6,7$ 时，将式(11-5)和式(11-6)代入式(11-7)可得式(11-8)，进而可得频谱迭代公式(11-9)。

$$X_m = G_{m-N/2} + W_N^m H_{m-N/2} \left(W_N^{2l(m-N/2)} = \frac{W_N^{2lm}}{W_N^{lN}} = \frac{W_N^{2lm}}{\mathrm{e}^{-\mathrm{j}\frac{2\pi}{N}lN}} = W_N^{2lm}, \quad l = 0,1,2,3 \right) \tag{11-8}$$

$$X_{N/2+l} = G_l - W_N^l H_l, \quad l = 0,1,2,3 \tag{11-9}$$

当 $m=0,1,2,3$ 时，将式(11-5)和式(11-6)代入式(11-7)可得式(11-10)，进而可得频谱迭代公式(11-11)。

$$\begin{aligned} X_m &= \sum_{l=0}^{3} x_{2l} W_N^{2lm} + \sum_{l=0}^{3} x_{2l+1} W_N^{(2l+1)m} \\ &= G_m + W_N^m H_m \end{aligned} \tag{11-10}$$

$$X_l = G_l + W_N^l H_l, \quad l = 0,1,2,3 \tag{11-11}$$

由式(11-9)和式(11-11)可迭代求出 N 项离散信号的频谱，即时域分解迭代公式，写在一起为

$$\begin{cases} X_l = G_l + W_N^l H_l, & l = 0,1,2,3 \\ X_{N/2+l} = G_l - W_N^l H_l, & l = 0,1,2,3 \end{cases} \tag{11-12}$$

时域 FFT 算法的实质是：由一半数据(偶项和奇项)的频谱计算整体数据的频谱。

2) FFT 算法的频域分解原理

频域分解原理可以描述为：在频率域，把一个有 N 项的离散频谱按偶奇序号分解为两个有 $N/2$ 项的离散频谱，然后由 $N/2$ 项的离散信号计算 N 项离散信号。分解迭代公式推导如下。

设 $x_n=\{x_0,x_1,x_2,\cdots,x_{N-1}\}$，其频谱 X_m 见式(11-13)，经过简单推导，可得式(11-14)。

$$X_m = \sum_{n=0}^{N-1} x_n W_N^{nm} \tag{11-13}$$

$$\begin{aligned} &= \sum_{n=0}^{N/2-1} x_n W_N^{nm} + \sum_{n=N/2}^{N-1} x_n W_N^{nm}, \quad 令\ l = n - N/2 \\ &= \sum_{n=0}^{N/2-1} x_n W_N^{nm} + \sum_{l=0}^{N/2-1} x_{l+N/2} W_N^{mN/2} W_N^{lm} \end{aligned}$$

$$= \sum_{n=0}^{N/2-1}(x_n + x_{n+N/2}W_N^{mN/2})W_N^{nm}$$

$$= \begin{cases} X_{2l} = \sum_{n=0}^{N/2-1}(x_n + x_{n+N/2})W_{N/2}^{nl} \\ X_{2l+1} = \sum_{n=0}^{N/2-1}[(x_n - x_{n+N/2})W_N^n]W_{N/2}^{nl} \end{cases}, \quad l = 0,1,\cdots,\frac{N}{2}-1$$

$$(W_N^{2lN/2} = 1, W_N^{(2l+1)N/2} = W_N^{N/2} = -1, W_N^{2lm} = W_{N/2}^{lm}) \tag{11-14}$$

频域分解迭代公式为

$$\begin{cases} g_n = x_n + x_{n+N/2} \\ h_n = (x_n - x_{n+N/2})W_N^n \end{cases}, \quad n = 0,1,\cdots,\frac{N}{2}-1 \tag{11-15}$$

【例 11-1】 计算 4 点的时域 FFT 方法。

设信号(x_0,x_1,x_2,x_3)的频谱为(X_0,X_1,X_2,X_3)，首先将信号按照奇偶序号分为两组，得到(x_0,x_2,x_1,x_3)，奇偶序列对应的频谱分别为(G_0,G_1,H_0,H_1)，继续按照奇偶序号进行分组，得到(x_0,x_2,x_1,x_3)，奇偶序列对应的频谱分别为(G_0,H_0,G_0,H_0)，其中 G 代表偶序列，H 代表奇序列。然后可以由一项信号的频谱求解二项信号的频谱，再由二项信号的频谱求解四项信号的频谱。时域分解原理如图 11-1～图 11-3 所示。

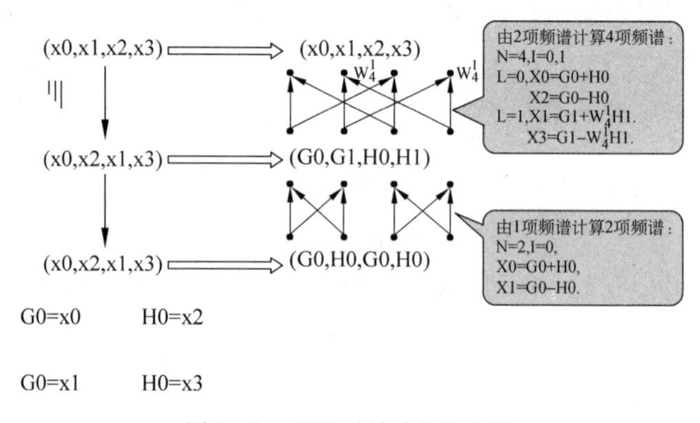

图 11-1 FFT 时域分解原理图

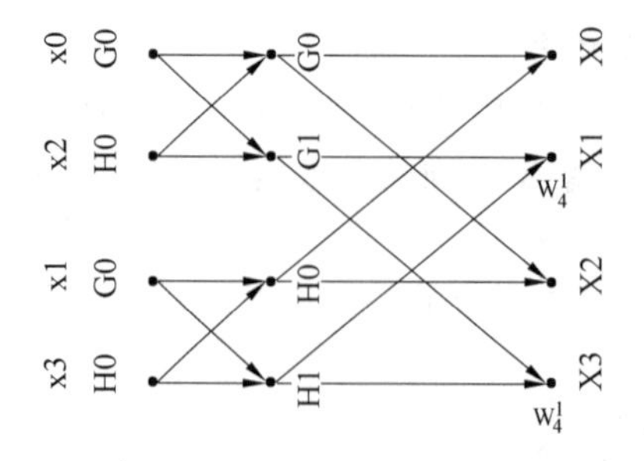

图 11-2 4 点 FFT 时域分解信号流图

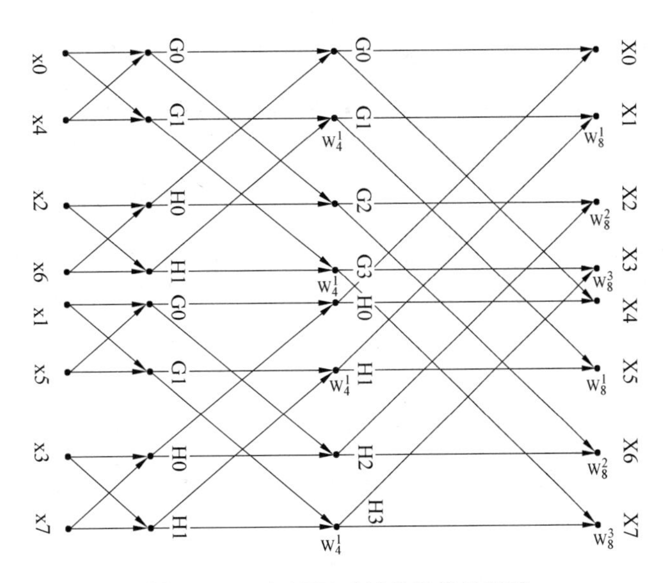

图 11-3　8 点 FFT 时域分解信号流图

【例 11-2】 计算 4 点的频域 FFT 方法。

设信号(x_0,x_1,x_2,x_3)的频谱为(X_0,X_1,X_2,X_3)，首先将信号频谱按照奇偶序号分为两组，得到(X_0,X_2,X_1,X_3)，奇偶序列对应的频谱分别为(g_0,g_1,h_0,h_1)，继续按照奇偶序号进行分组，得到(X_0,X_2,X_1,X_3)，奇偶序列对应的频谱分别为(g_0,h_0,g_0,h_0)，g 代表偶序列，h 代表奇序列。然后可以由四项信号求解二项信号，再由二项信号求解一项信号。频域分解原理如图 11-4～图 11-6 所示。

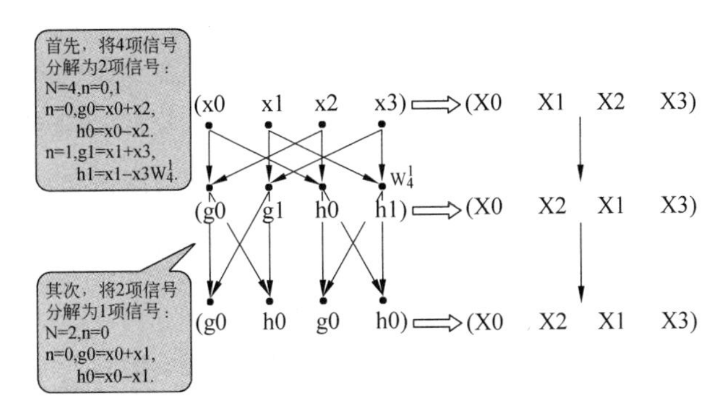

图 11-4　FFT 频域分解原理图

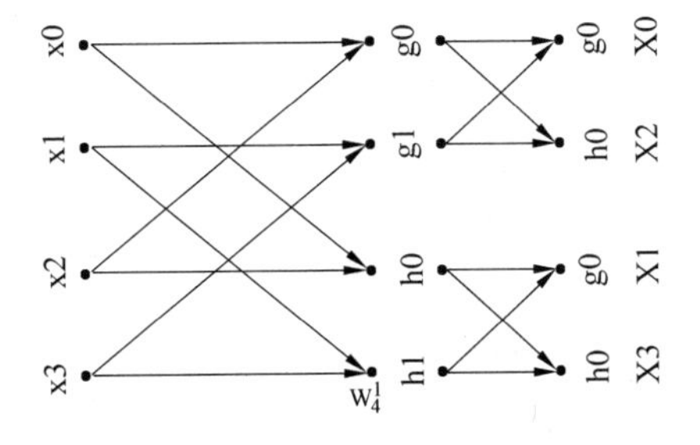

图 11-5　4 点 FFT 频域分解信号流图

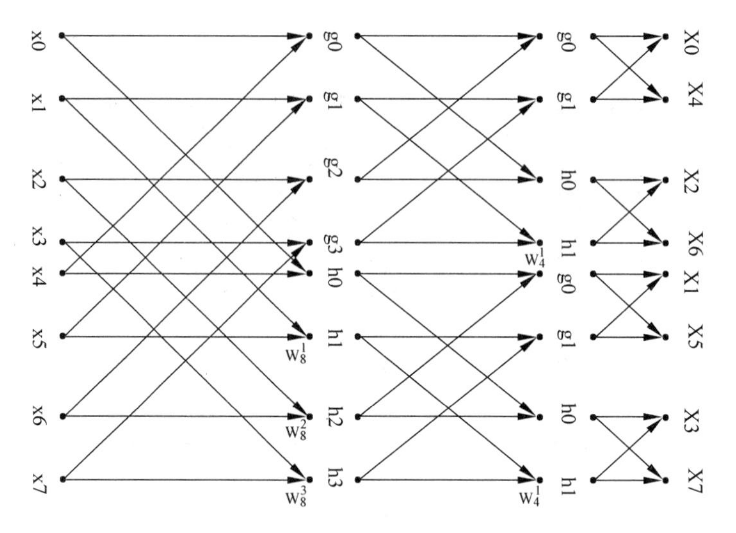

图 11-6 8 点 FFT 频域分解信号流图

【例 11-3】 分析序列 $x=\{4,3,2,6\}$频谱的结构对称性。

程序如下：

```
%Lab11_1.m
N = 4;
n = 0:N - 1;
x = [4 3 2 6];
Xk = fft(x)
```

运行结果为：

```
Xk =
  15.0000              2.0000 + 3.0000i        - 3.0000              2.0000 - 3.0000i
```

【例 11-4】 构建不同长度的信号，计算其频谱并比较高密度谱和高分辨率谱的区别。

程序如下：

```
%Lab11_2.m
clf;fs = 50;
Ndata = 32;
N = 32;
n = 0:Ndata - 1;t = n/fs;
x = 0.5 * sin(2 * pi * 5 * t) + 2 * sin(2 * pi * 20 * t);
y = fft(x,N);
mag = abs(y);
f = (0:N - 1) * fs/N;
f = f(1:N/2);
mag1 = mag(1:N/2) * 2/N;
subplot(2,2,1),plot(f,mag1);
title('Ndata = 32 Nfft = 32');grid on;

Ndata = 32;
N = 128;
```

```
n = 0:Ndata - 1;t = n/fs;
x = 0.5 * sin(2 * pi * 5 * t) + 2 * sin(2 * pi * 20 * t);
y = fft(x,N);
mag = abs(y);
f = (0:N - 1) * fs/N;
f = f(1:N/2);
mag2 = mag(1:N/2) * 2/N;
subplot(2,2,2),plot(f,mag2);
title('Ndata = 32 Nfft = 128');grid on;

Ndata = 64;
N = 64;
n = 0:Ndata - 1;t = n/fs;
x = 0.5 * sin(2 * pi * 5 * t) + 2 * sin(2 * pi * 20 * t);
y = fft(x,N);
mag = abs(y);
f = (0:N - 1) * fs/N;
f = f(1:N/2);
mag3 =  mag(1:N/2) * 2/N;
subplot(2,2,3),plot(f,mag3);
title('Ndata = 136 Nfft = 128');grid on;

Ndata = 64;
N = 128;
n = 0:Ndata - 1;t = n/fs;
x = 0.5 * sin(2 * pi * 5 * t) + 2 * sin(2 * pi * 20 * t);
y = fft(x,N);
mag = abs(y);
f = (0:N - 1) * fs/N;
f = f(1:N/2);
mag4 = mag(1:N/2) * 2/N
subplot(2,2,4),plot(f,mag4);
title('Ndata = 136 Nfft = 512');grid on;
```

程序运行结果如图 11-7 所示。

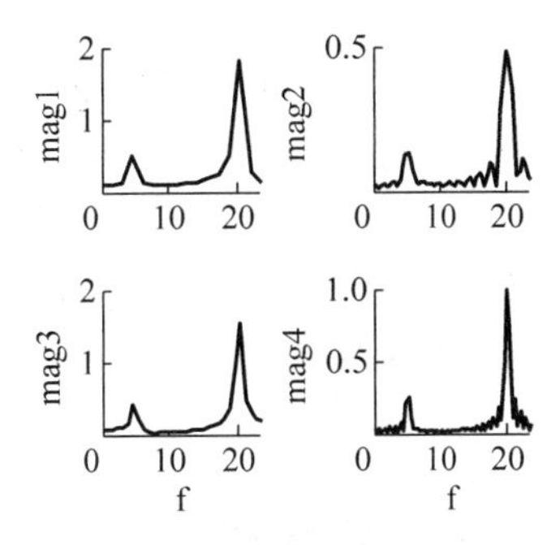

图 11-7 高密度谱和高分辨谱

【例 11-5】 运用 FFT 对信号 $x(t)=0.5\sin 60\pi t+\cos 20\pi t$ 进行滤波，将频率为 8～15Hz 的成分滤掉。设采样点数 $N=512$，$n=0\sim N-1$，采样周期为 0.01s。绘出滤波前后信号的振幅谱以及滤波后的时间域信号。

程序如下：

```
% Lab11_3.m
dt = 0.01;N = 512;
n = 0:N - 1; t = n * dt; f = n/(N * dt);
f1 = 30; f2 = 10;
x = .5 * sin(2 * pi * f1 * t) + cos(2 * pi * f2 * t);
x1 = x;
subplot(2,2,1), plot(t,x1,'linewidth',3);
ylabel('x1','fontsize',16);
xlim([0 0.3]);
```

```
y = fft(x);
xk1 = abs(y) * 2/N;
subplot(2,2,2), plot(f,abs(y) * 2/N,'linewidth',3);
ylabel('xk1','fontsize',16);
xlim([0 50]);
f1 = 20;f2 = 40;
yy = zeros(1,length(y));
for m = 0:N - 1
  if(m/(N * dt)> f1&m/(N * dt)< f2)...
|(m/(N * dt)>(1/dt - f2)&m/(N * dt)<(1/dt - f1))
     yy(m + 1) = 0.;
  else
     yy(m + 1) = y(m + 1);
  end
end
xk2 = abs(yy) * 2/N;
subplot(2,2,4),plot(f,xk2,'linewidth',3);
xlim([0 50]);
xlabel('f','fontsize',16);
ylabel('xk2','fontsize',16);
x2 = real(ifft(yy));
subplot(2,2,3),plot(t,x2,'linewidth',3);
xlabel('t','fontsize',16),ylabel('x2','fontsize',16);
xlim([0 0.3]);
```

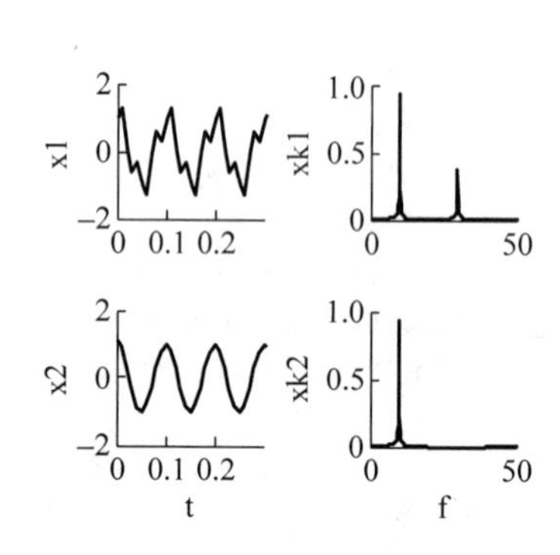

图 11-8 利用 FFT 进行滤波

程序运行结果如图 11-8 所示。

三、实验内容

(1) 构造一个序列信号(与学号后两位有关),采用快速傅里叶变换进行分析;

(2) 构造一个谐波信号(频率与学号后两位有关),采用快速傅里叶变换进行分析;

(3) 构造一个复杂谐波信号(包含两个频率成分,与学号后两位有关),采用快速傅里叶变换进行分析,绘出该信号的时域图和频谱图;

(4) 在频率域滤除高频成分,然后重构,绘出滤波后的时域信号及频谱,初步了解滤波的概念。

四、实验预习

认真阅读实验原理,明确本次实验任务,了解实验方法。预先编写实验程序。

五、实验报告

打印实验程序及图件。

六、实验思考

高密度谱和高分辨谱有何区别?

实验十二

循环卷积原理

一、实验目的

(1) 掌握在时域中计算圆周褶积的原理及计算过程；

(2) 熟练使用 MOD(n,N)函数实现信号的圆周移位；

(3) 熟练使用 conv(x1,x2)函数实现信号的线性褶积。

二、实验原理

1. 线性褶积

两个长度分别为 M 和 L 的时间序列,线性褶积结果的长度为 $M+L-1$。

2. 圆周褶积

如果 $x(n)$和 $h(n)$都是 N 点序列,则时域圆周褶积结果 $y(n)$也是 N 点序列,时域和频域公式见式(12-1)和式(12-2)。

$$y(n) = x(n) \otimes h(n)[N] \tag{12-1}$$

$$Y(m) = X(m) \otimes H(m) \tag{12-2}$$

圆周褶积的意义是如果褶积中两个序列的长度都为 N,可用循环反褶、圆周移位代替一般的信号反褶、线性移位,褶积结果的长度仍为 N。

3. 圆周褶积定理

两个长度为 N 的序列,其 DFT 的乘积等于此两序列 N 点圆周褶积的 DFT。

4. MATLAB 提供函数 rem 和 mod 的用法

rem(X,Y) returns X − n. * Y where n=fix(X. /Y),fix(−0. 1)=0

mod(X,Y) returns X − n. * Y where n=floor(X. /Y),floor(−0. 1)=−1

5. 圆周移位子函数 cirshft 的代码

代码如下：

```
function y = cirshft(x,m,N)
```

```
x = [x zero(1,N - length(x))];
n = [0:N - 1];
n = mod(n - m,N);
y = x(n + 1)
```

6. 圆周褶积子函数 circonvt 的代码

代码如下：

```
function y = circonvt(x1,x2,N)
x1 = [x1 zero(1,N - length(x1))];
x2 = [x2 zero(1,N - length(x2))];
m = [0:N - 1];
x2 = x2(mod( - m,N) + 1);
H = zero(N,N);
for n = 1:1:N
H(n,:) = cirshft(x2,n - 1,N)
end
Y = x1 * H';
```

【例 12-1】 已知两个周期序列的主值分别为 $h(n)=\{1,1,1,0\}$，$x(n)=\{1,4,3,2\}$，试用图形表示它们的周期褶积 $y(n)$。

程序如下：

```
% lab12_1.m
clear all
n = 0:3;
x = [1,4,3,2];
h = [1,1,1,0];
N = length(x);
nx = ( - N:N - 1);
h1 = [zeros(1,N),h];
% %
x1 = fliplr(x);
x2 = x1(mod(nx,N) + 1);
N1 = length(x2);
y = zeros(1,2 * N);
figure
subplot(411),stem(nx,h1,'linewidth',3);
ylabel('h1','fontsize',16);
for k = 0:N - 1
    x22 = [zeros(1,k + 1),x2(1:N1 - k - 1)];
    y1 = h1. * x22;
    yk = sum(y1);
    y([k + 1,k + N + 1]) = yk;
    subplot(412),stem(nx,x22,'linewidth',3);
    ylabel('x22','fontsize',16);
    subplot(413),stem(k,yk,'linewidth',3);
    ylabel('yk','fontsize',16);
    xlim([ - 5 5]);
    holdon
    pause(2)
```

```
end
subplot(414),stem(nx,y,'linewidth',3);
xlabel('nx','fontsize',16);
ylabel('y','fontsize',16);
```

程序运行结果如图 12-1 所示。

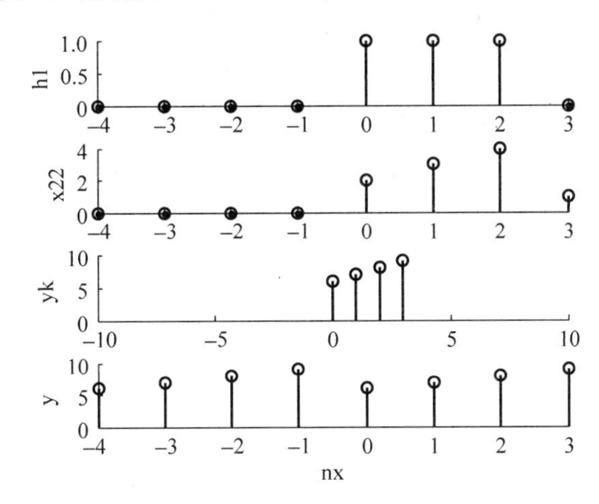

图 12-1　周期褶积动画演示(N=4)

【例 12-2】 已知两个周期序列的主值分别为 $h(n)=\{1,1,1,0,0\}$，$x(n)=\{1,4,3,2,0\}$，用图形表示它们的周期褶积 $y(n)$。

通过修改例 12-1 程序代码中的序列 x 和 h，运行即可得到图 12-2 所示的结果。

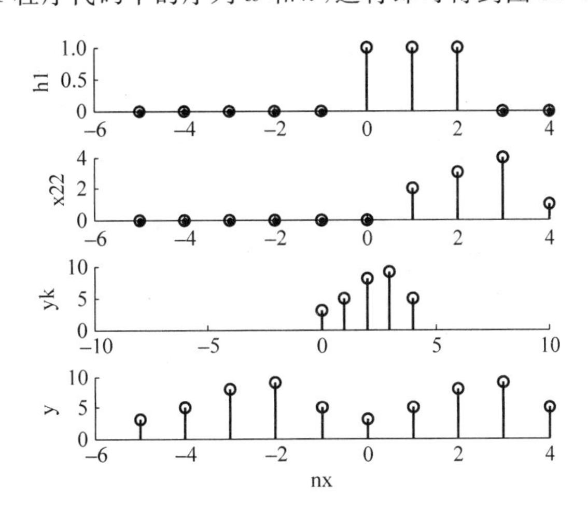

图 12-2　周期褶积动画演示(N=5)

【例 12-3】 已知两个周期序列的主值序列分别为 $h(n)=\{1,1,1,0,0,0\}$，$x(n)=\{1,4,3,2,0,0\}$，用图形表示它们的周期褶积 $y(n)$。

通过修改例 12-1 程序代码中的序列 x 和 h，运行即可得到图 12-3 所示的结果。

【例 12-4】 已知两个周期序列的主值序列分别为 $h(n)=\{1,1,1,0,0,0,0\}$，$x(n)=\{1,4,3,2,0,0,0\}$，用图形表示它们的周期褶积 $y(n)$。

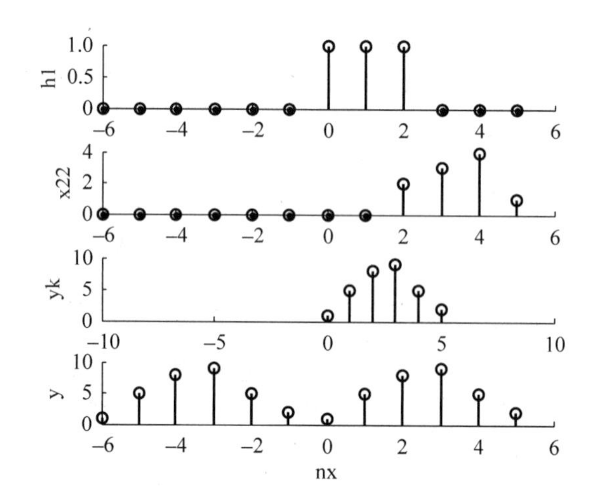

图 12-3 周期褶积动画演示($N=6$)

通过修改例 12-1 程序代码中的序列 x 和 h,运行即可得到图 12-4 所示的结果。

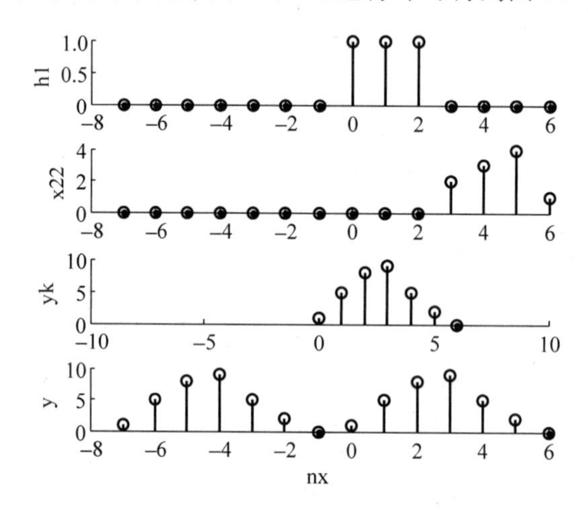

图 12-4 周期褶积动画演示($N=7$)

【例 12-5】 已知两个周期序列的主值序列分别为 $x(n)=\{1,1,1,0,0,0,0,0\}$,$h(n)=\{1,4,3,2,0,0,0,0\}$,用图形表示它们的周期褶积 $y(n)$。

通过修改例 12-1 程序代码中的序列 x 和 h,运行即可得到图 12-5 所示的结果。

另外,可由下面程序计算例 12-5 的周期褶积。

```
%lab12_2.m
clear all
x=[1 4 3 2];
h=[1 1 1];
M=4;L=3;
N=M+L-1;
N=8;
h1=[h, zeros(1,N-length(h))];
x1=[x, zeros(1,N-length(x))];
m=[0:1:N-1];
```

```
x2 = x1(mod( - m,N) + 1);
H = zeros(N,N);
for n = 1:1:N
    H(n,:) = cirshft(x2,n - 1,N);                    % 循环移位
end
y = h1 * H'; %
subplot(411),stem(0:length(h1) - 1,h1,'linewidth',4);
ylabel('h1','fontsize',16);
xlim([0 N - 1]);
subplot(412),stem(0:length(x1) - 1,x1,'linewidth',4);
ylabel('x1','fontsize',16);
xlim([0 N - 1]);
ylim([0 4]);
subplot(413),stem(0:N - 1,H(1,:),'linewidth',4);
ylabel('H','fontsize',16);
xlim([0 N - 1]);
ylim([0 4]);
subplot(414),stem(0:N - 1,y,'linewidth',4);
xlabel('n','fontsize',16),ylabel('y','fontsize',16);
xlim([0 N - 1]);
```

程序运行结果如图 12-6 所示。

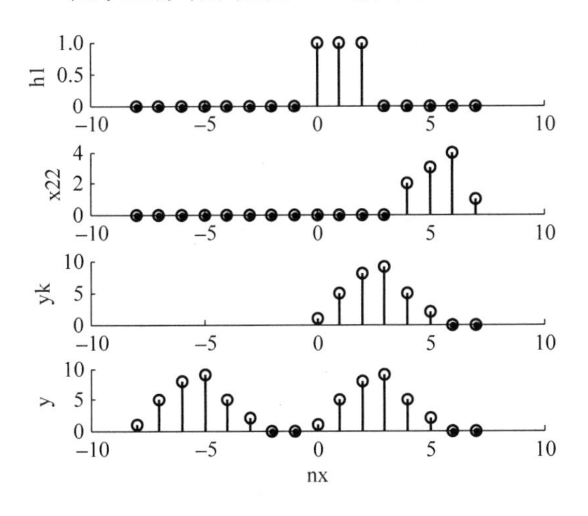

图 12-5　周期褶积动画演示（$N=8$）

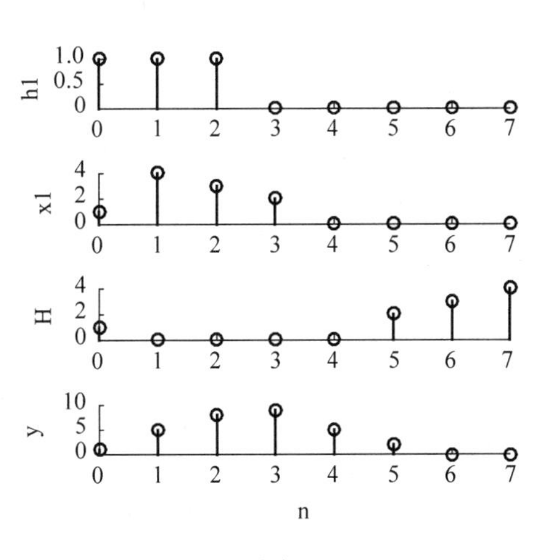

图 12-6　周期褶积（$N=8$）

【例 12-6】 已知两个周期序列的主值序列分别为 $h(n)=\{1,1,1,0,0,0\}$，$x(n)=\{1,2,3,2,0,0\}$，在频率域使用 DFT 计算周期褶积 $y(n)$。

程序如下：

```
% Lab12_3.m
clearall
clf
x = [1,2,3,2,0,0];
h = [1,1,1,0,0,0];
N = length(x);
n = 0:N - 1;k = 0:N - 1;
```

```
xk = x * (exp( - j * 2 * pi/N)).^(n' * k);
hk = h * (exp( - j * 2 * pi/N)).^(n' * k);
yk = xk. * hk;
y = yk * (exp(j * 2 * pi/N)).^(n' * k)/N;
y_abs = abs(y);
subplot(321),stem(n,x);ylabel('x')
subplot(322),stem(k,abs(xk));ylabel('xk');ylim([0 30]);
subplot(323),stem(n,h);ylabel('h')
subplot(324),stem(k,abs(hk));ylabel('hk');ylim([0 30]);
subplot(325),stem(n,y);ylabel('y');
subplot(326),stem(k,abs(yk));ylabel('yk');ylim([0 30]);
```

程序运行结果如图 12-7 所示。

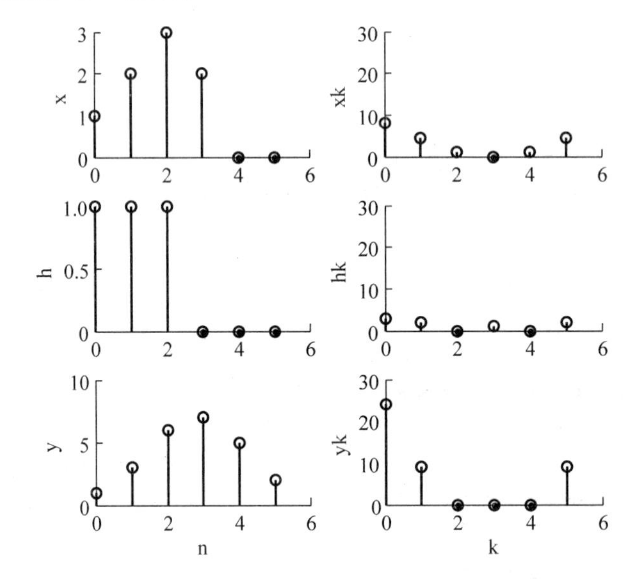

图 12-7　DFT 计算周期褶积($N=6$)

【例 12-7】 已知两个周期序列的主值序列分别为 $h(n)=\{1,1,1,0,0,0\}$,$x(n)=\{1,4,3,2,0,0\}$,在频率域使用 FFT 计算周期褶积 $y(n)$。

程序如下:

```
%Lab12_4.m
clearall
clf
x = [1,4,3,2,0,0];
h = [1,1,1,0,0,0];
N = length(x);
n = 0:N - 1;k = 0:N - 1;
xk = fft(x);
hk = fft(h);
yk = xk. * hk;
y = ifft(yk);
y_abs = abs(y);
subplot(321),stem(n,x,);ylabel('x');
```

```
subplot(322),stem(k,abs(xk));ylabel('xk');ylim([0 30]);
subplot(323),stem(n,h);ylabel('h');
subplot(324),stem(k,abs(hk));ylabel('hk');ylim([0 30]);
subplot(325),stem(n,y);ylabel('y');
subplot(326),stem(k,abs(yk));ylabel('yk');ylim([0 30]);
```

程序运行结果如图 12-8 所示。

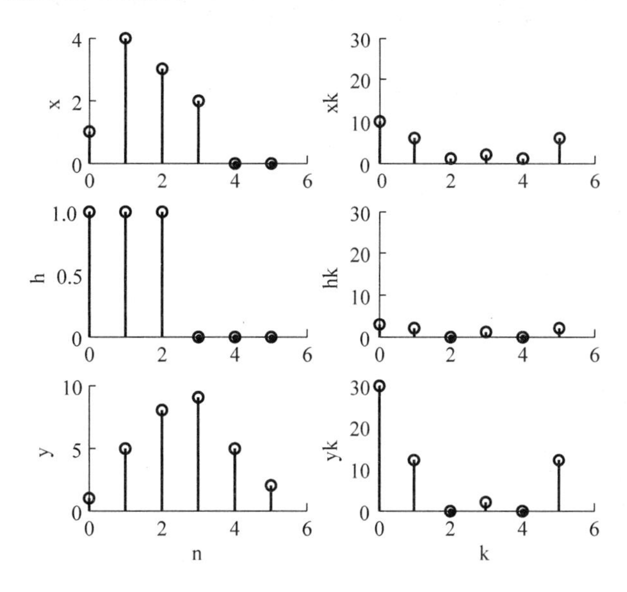

图 12-8　FFT 计算周期褶积($N=6$)

三、实验内容

(1) 已知时间序列信号 $x_1(n)=\{2,1,1\}$,$x_2(n)=\{1,2,3,4\}$,编写程序实现：①5 点圆周褶积；②6 点圆周褶积；③线性褶积。

(2) 绘出圆周褶积结果,要求时间轴对齐。

四、实验预习

提前认真阅读实验原理,明确实验内容。

五、实验报告

打印实验程序及图件。

六、实验思考

(1) 观察图 12-1 至图 12-5,你发现了什么呢?

(2) 如果想用圆周褶积来计算线性褶积,应该如何设置信号的长度呢?

实验十三

线性相关与循环相关

一、实验目的

(1) 掌握在时域中计算相关的原理；

(2) 熟练使用 xcorr 函数实现相关的计算；

(3) 熟练使用 conv_y 函数实现相关的计算。

二、实验原理

1. 相关系数

考查两个能量有限的固定波形信号 x_n 和 y_n 的相似程度，可用相关系数加以判断。相关系数 ρ_{xy} 定义为

$$\rho_{xy}=\frac{\sum_{n=-\infty}^{+\infty}x_n y_n}{\sqrt{\sum_{n=-\infty}^{+\infty}x_n^2\sum_{n=-\infty}^{+\infty}y_n^2}} \tag{13-1}$$

未标准化的相关系数 r_{xy} 定义为

$$r_{xy}=\sum_{n=-\infty}^{+\infty}x_n y_n \tag{13-2}$$

2. 相关函数

考查发生时移信号的波形相似性，可用相关函数来判断。相关函数 $r_{xy}(\tau)$ 定义为

$$r_{xy}(\tau)=\sum_{n=-\infty}^{+\infty}x_n y_{n-\tau} \tag{13-3}$$

或

$$r_{yx}(\tau)=\sum_{n=-\infty}^{+\infty}y_n x_{n-\tau}=r_{xy}(-\tau) \tag{13-4}$$

3. 相关和褶积

离散信号 x_n 和 y_n 的褶积定义为

$$x_n \otimes y_n = \sum_{\tau=-\infty}^{+\infty} x_\tau y_{n-\tau} \tag{13-5}$$

离散信号 x_n 和 y_{-n} 的褶积与离散信号 x_n 和 y_n 的相关系数相等，见式(13-6)。

$$x_n \otimes y_{-n} = \sum_{\tau=-\infty}^{+\infty} x_\tau y_{-(n-\tau)} = \sum_{\tau=-\infty}^{+\infty} x_\tau y_{\tau-n} = r_{xy}(n) \tag{13-6}$$

4. 互相关函数的频谱和 z 变换

离散信号 x_n 和 y_n 的互相关函数的频谱和 z 变换分别见式(13-7)和式(13-8)，离散信号 x_n 的自相关函数的频谱见式(13-9)。

$$R_{xy}(F) = X(F)\overline{Y(F)} \tag{13-7}$$

$$R_{xy}(z) = X(z)Y\left(\frac{1}{z}\right) \tag{13-8}$$

$$R_{xx}(F) = X(F)\overline{X(F)} = |X(F)|^2 \tag{13-9}$$

由式(13-9)可知，信号的能谱是信号自相关的频谱。

5. 循环相关和普通相关的关系

设离散信号 x_n 和 y_n 分别为

$$x_n = \begin{cases} x_n, & 0 \leqslant n \leqslant M-1 \\ 0, & \text{其他} \end{cases} \tag{13-10}$$

$$y_n = \begin{cases} y_n, & 0 \leqslant n \leqslant L-1 \\ 0, & \text{其他} \end{cases} \tag{13-11}$$

普通互相关函数 $r_{xy}(n)$ 为

$$r_{xy}(n) = \sum_{k=0}^{L-1} x_{n+k} y_k \tag{13-12}$$

设 $\tilde{x}_n$ 和 $\tilde{y}_n$ 是以 N 为周期的周期信号，见式(13-13)。

$$\tilde{x}_n = x_n, \quad \tilde{y}_n = y_n, \quad 0 \leqslant n \leqslant N-1 \tag{13-13}$$

循环相关 $\tilde{r}_{\tilde{x}\tilde{y}}(n)$ 定义为

$$\tilde{r}_{\tilde{x}\tilde{y}}(n) = \tilde{x}_n * \tilde{y}_{-n}[N] = \sum_{k=0}^{N-1} \tilde{x}_{n+k}\, \tilde{y}_k \tag{13-14}$$

假设 $N \geqslant M+L-1$，则有

$$r_{xy}(n) = \sum_{k=0}^{L-1} x_{n+k} y_k \tag{13-15}$$

因为 $0 \leqslant k \leqslant L-1$，当 $0 \leqslant n \leqslant N-L$ 时，有

$$\tilde{x}_{n+k} = x_{n+k} \tag{13-16}$$

$$\tilde{r}_{\tilde{x}\tilde{y}}(n) = r_{xy}(n) \tag{13-17}$$

当 $N-L+1 \leqslant n \leqslant N-1$ 时，有

$$\tilde{r}_{\tilde{x}\tilde{y}}(n) = r_{xy}(n-N) \tag{13-18}$$

【例 13-1】 已知 $x=\{1,2,3\}$，$n=0\sim2$，$y=\{4,1,2,3\}$，$n=0\sim3$，试求 x 和 y 的互相关函数。

解法一：

由互相关函数的定义式 $r_{xy}(n)=\sum_{k=0}^{L-1}x_{n+k}y_k$，$L=4$，将不同的 n 值代入，可得下面结果：

$$r_{xy}(-3)=\sum_{k=0}^{3}x_{-3+k}y_k=x_{-3}*y_0+x_{-2}*y_1+x_{-1}*y_2+x_0*y_3=3$$

$$r_{xy}(-2)=\sum_{k=0}^{3}x_{-2+k}y_k=x_{-2}*y_0+x_{-1}*y_1+x_0*y_2+x_1*y_3=8$$

$$r_{xy}(-1)=\sum_{k=0}^{3}x_{-1+k}y_k=x_{-1}*y_0+x_0*y_1+x_1*y_2+x_2*y_3=14$$

$$r_{xy}(0)=\sum_{k=0}^{3}x_{0+k}y_k=x_0*y_0+x_1*y_1+x_2*y_2+x_3*y_3=12$$

$$r_{xy}(1)=\sum_{k=0}^{3}x_{1+k}y_k=x_1*y_0+x_2*y_1+x_3*y_2+x_4*y_3=11$$

$$r_{xy}(2)=\sum_{k=0}^{3}x_{2+k}y_k=x_2*y_0+x_3*y_1+x_4*y_2+x_5*y_3=12$$

解法二：

通过褶积方法计算互相关函数，程序如下：

```
%Lab13_1.m
clear all
x=[1,2,3];
y=[4,1,2,3];
nx=[0:2];
ny=[0:3];
[y1,ny1]=sigfold(y,ny);
[rxy,lags]=conv_y(x,nx,y1,ny1);
```

程序运行结果如下：

```
rxy =

  3    8    14    12    11    12

lags =

  -3    -2    -1    0    1    2
```

解法三：

通过调用互相关子函数进行计算，程序如下：

```
%Lab13_2.m
clear all
x=[1,2,3];
y=[4,1,2,3];
nx=[0:2];
ny=[0:3];
[rxy,lags]=xcorr(x,y);
```

程序运行结果如下：

```
rxy =

  3.0000    8.0000  14.0000  12.0000  11.0000  12.0000  0.0000
lags =

  -3     -2     -1     0     1     2     3
```

解法四：

通过 FFT 进行计算，程序如下：

```
%Lab13_3.m
clear all
x=[1,2,3,0,0,0];
y=[4,1,2,3,0,0];
nx=[0:2];
ny=[0:3];
x_fft=fft(x);
y_fft=fft(y);
rxy_fft=x_fft.*conj(y_fft);
rxy=ifft(rxy_fft);
```

程序运行结果如下：

```
rxy =

12     11     12     3     8     14
```

【例 13-2】　对序列 $x=\{1,5,2,0,-1,4,2\}$ 进行延迟加噪，并计算与原序列的互相关。

程序如下：

```
%Lab13_4.m
clear all
x=[1,5,2,0,-1,4,2];
nx=[-3:3];
[y,ny]=sigshift(x,nx,2);
w=randn(1,length(y));nw=ny;
[y1,ny1]=sigadd(y,ny,w,nw);
[x1,nx1]=sigfold(x,nx);
[rxy1,nrxy1]=conv_y(y1,ny1,x1,nx1);
figure
set(gcf,'position',[300,300,360,320]);
subplot(311),stem(nx,x,'linewidth',4);axis([-4 8 -5 6]);
set(gca,'fontsize',16)
ylabel('x','fontsize',16);
subplot(312),stem(ny1,y1,'linewidth',4);axis([-4 8 -5 7]);
set(gca,'fontsize',16)
ylabel('y1','fontsize',16);
subplot(313),stem(nrxy1,rxy1,'linewidth',4);
```

```
set(gca,'fontsize',16)
xlabel('n','fontsize',16),ylabel('rxy1','fontsize',16);
xlim([-4 8])

function [y,n] = sigshift(x,m,k)
% implements y(n) = x(n-k)
% -------------------------------
n = m + k;y = x;
end

function [y,n] = sigadd(x1,n1,x2,n2)
n = min(min(n1),min(n2)):max(max(n1),max(n2));          % duration of y(n)
y1 = zeros(1,length(n));y2 = y1;
y1(find((n>=min(n1))&(n<=max(n1)) == 1)) = x1;
y2(find((n>=min(n2))&(n<=max(n2)) == 1)) = x2;
y = y1 + y2;                                              % sequence addition

function [y,n] = sigfold(x,n)
y = fliplr(x);
n = -fliplr(n);
end

function [y,ny] = conv_y(x,nx,h,nh)
% modified convolution routine for signal processing
nyb = nx(1) + nh(1);
nye = nx(length(x)) + nh(length(h));
ny = [nyb:nye];
y = conv(x,h);
end
```

程序运行结果如图 13-1 所示。

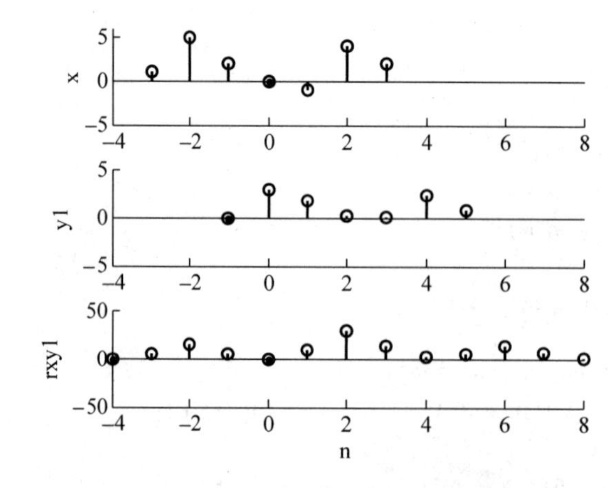

图 13-1　原始序列与延迟加噪后序列的互相关

三、实验内容

(1) 时间序列信号为

$x_1(n)=\{3,11,7,0,-2,4,2\}, nx_1=[-3:3], x_2(n)=\{2,3,0,0,-6,2,1\}, nx_2=[-1:4]$

手动计算互相关结果,并编写程序实现互相关的计算。

(2) 将时间序列信号 $x_1(n)=\{3,11,7,0,-2,4,2\}$ 延迟 5 个采样点,加不同随机噪声,用程序计算互相关,并分析互相关结果。

四、实验预习

提前认真阅读实验原理,明确实验内容。

五、实验报告

打印实验程序及图件。

六、实验思考

(1) 对于例 13-1 解法四中,采用傅里叶变换求相关函数,由于傅里叶变换的折叠性质,需要将计算结果如何处理,以得到正确的互相关系数?

(2) 用卷积 conv 计算互相关,比直接用 xcorr 计算互相关有什么方便?

实验十四

模拟滤波器的设计

一、实验目的

(1) 对模拟滤波器的基本类型、特点和主要设计指标有进一步的了解；

(2) 掌握低通原型模拟滤波器的设计方法；

(3) 掌握模拟滤波器的测试方法。

二、实验原理

1. 模拟滤波器的特点

模拟滤波器的特点是输入信号和输出信号均为连续时间信号,滤波器的冲激响应也是连续的。

2. 模拟滤波器的分类

模拟滤波器按功能的不同可以分为低通、高通、带通和带阻滤波器。

3. 模拟滤波器的技术指标

模拟滤波器的技术指标主要有通带边界频率 ω_p、阻带边界频率 ω_s、通带波纹 R_p、阻带衰减 R_s 等。通带截止频率 ω_c 为 3dB 处对应的频率。

4. 模拟滤波器的设计步骤

1) 由技术指标求取滤波器的最小阶数

由技术指标求取不同类型滤波器最小阶数的函数如下：

```
[n,wc]=buttord(wp,ws,Rp,Rs, 's');      Butterworth 滤波器
[n,wc]=cheb1ord(wp,ws,Rp,Rs, 's');     Chebyshev Ⅰ滤波器
[n,wc]=cheb2ord(wp,ws,Rp,Rs, 's');     Chebyshev Ⅱ滤波器
[n,wc]=ellipord(wp,ws,Rp,Rs, 's');     Elliptic 滤波器
```

其中,wp 为通带边界频率,ws 为阻带边界频率,单位为 rad/s。Rp、Rs 分别为通带波纹和阻带衰减,单位为 dB。's'表示模拟滤波器(默认时,该函数适用于数字滤波器)；函数返

回值 n 为模拟滤波器的最小阶数；wc 为模拟滤波器的截止频率，单位为 rad/s。

2）设计低通原型模拟滤波器的函数

（1）Butterworth 模拟低通滤波器

Butterworth 模拟低通滤波器的平方幅值响应函数为

$$|H(\mathrm{j}\omega)|^2 = A(\omega^2) = \frac{1}{1+\left(\dfrac{\omega}{\omega_c}\right)^{2N}} \tag{14-1}$$

Butterworth 滤波器的传递函数为

$$H(s) = \frac{Z(s)}{P(s)} = \frac{K}{(s-p(1))(s-p(2))\cdots(s-p(n))} \tag{14-2}$$

Butterworth 滤波器没有零点，极点为$[p(1),p(2),\cdots,p(n)]$，滤波器的增益为 K。

调用 MATLAB 函数[z,p,k]=buttap(n)（其中 n 为 butterworth 滤波器阶数；z、p、k 分别为滤波器的零点、极点和增益）可求出 Butterworth 滤波器传递函数的参数。

（2）Chebyshev Ⅰ型模拟低通滤波器

Chebyshev Ⅰ型模拟低通滤波器的平方幅值响应函数为

$$|H(\mathrm{j}\omega)|^2 = A(\omega^2) = \frac{1}{1+\varepsilon^2 C_N^2\left(\dfrac{\omega}{\omega_c}\right)} \tag{14-3}$$

系统的传递函数为

$$H(s) = \frac{Z(s)}{P(s)} = \frac{K}{(s-p(1))(s-p(2))\cdots(s-p(n))} \tag{14-4}$$

调用 MATLAB 函数[z,p,k]=cheb1ap(N,Rp)（式中，N 为滤波器的阶数；Rp 为通带波纹，单位为 dB；z、p、k 分别为滤波器的零点、极点和增益）可求出 Chebyshev Ⅰ型滤波器传递函数的参数。

（3）Chebyshev Ⅱ型低通模拟滤波器

Chebyshev Ⅱ型低通模拟滤波器的平方幅值响应函数为

$$|H(\mathrm{j}\omega)|^2 = A(\omega^2) = \frac{1}{1+\left[\varepsilon^2 C_N^2\left(\dfrac{\omega}{\omega_c}\right)\right]^{-1}} \tag{14-5}$$

系统的传递函数为

$$H(s) = \frac{Z(s)}{P(s)} = \frac{K(s-z(1))(s-z(2))\cdots(s-z(nz))}{(s-p(1))(s-p(2))\cdots(s-p(np))} \tag{14-6}$$

调用 MATLAB 函数[z,p,k]=cheb2ap(N,Rs)（式中，N 为滤波器的阶数；Rs 为阻带波纹，单位为 dB；z、p、k 为滤波器的零点、极点和增益，np 为极点个数，nz 为零点个数）可求出 Chebyshev Ⅱ型滤波器传递函数的参数。

（4）椭圆低通模拟滤波器

椭圆低通模拟滤波器的平方幅值响应函数为

$$|H(\mathrm{j}\omega)|^2 = A(\omega^2) = \frac{1}{1+\mu^2 E_N^2\left(\dfrac{\omega}{\omega_c}\right)} \tag{14-7}$$

系统的传递函数为

$$H(s)=\frac{Z(s)}{P(s)}=\frac{K(s-z(1))(s-z(2))\cdots(s-z(nz))}{(s-p(1))(s-p(2))\cdots(s-p(np))} \tag{14-8}$$

调用 MATLAB 函数[z,p,k]=cheb2ap(N,Rs)(式中,N 为滤波器的阶数;Rs 为阻带波纹,单位为 dB;z、p、k 为滤波器的零点、极点和增益)可求出 Chebyshev Ⅱ型滤波器传递函数的参数。

(5) Bessel 低通模拟滤波器

系统的传递函数为

$$H(s)=\frac{Z(s)}{P(s)}=\frac{K}{(s-p(1))(s-p(2))\cdots(s-p(n))} \tag{14-9}$$

调用 MATLAB 函数[z,p,k]=besselap(N)(式中,N 为滤波器的阶数,应小于 25;z、p、k 为滤波器的零点、极点和增益)可求出椭圆滤波器传递函数的参数。

3) 频率变换

频率变换是指低通原型滤波器与各类滤波器频率变量之间的变换关系。

(1) 低通至低通

变换公式为

$$H(s)=H(p)\big|_{p=\omega_0 s} \tag{14-10}$$

调用 MATLAB 函数[bt,at]=lp2lp(b,a,w_0)(式中,a、b 为模拟原型滤波器的分母和分子多项式的系数;w_0 为低通滤波器所期望的截止频率,单位为 rad/s)可求出低通滤波器传递函数分母和分子多项式的系数。

(2) 低通至高通

变换公式为

$$H(s)=H(p)\big|_{p=\frac{\omega_0}{s}} \tag{14-11}$$

调用 MATLAB 函数[bt,at]=lp2hp(b,a,w_0)(其中,a、b 为模拟原型滤波器的分母和分子多项式的系数;w_0 为高通滤波器所期望的截止频率,单位为 rad/s)可求出高通滤波器传递函数分母和分子多项式的系数。

(3) 低通至带通

变换公式为

$$H(s)=H(p)\Big|_{p=\frac{\omega_0}{B_w}\frac{(\frac{s}{\omega_0})^2+1}{\frac{s}{\omega_0}}} \tag{14-12}$$

调用 MATLAB 函数[bt,at]=lp2bp(b,a,w_0,B_w)(其中,a、b 为模拟原型滤波器的分母和分子多项式的系数,w_0 为带通滤波器所期望的截止频率,B_w 为带通滤波器带宽,单位都为 rad/s,$w_0=\sqrt{w_1 w_2}$,$B_w=w_2-w_1$)可求出带通滤波器传递函数分母和分子多项式的系数。

(4) 低通至带阻

变换公式为

$$H(s)=H(p)\Big|_{p=\frac{\omega_0}{B_w}\frac{\frac{s}{\omega_0}}{(\frac{s}{\omega_0})^2+1}} \tag{14-13}$$

调用 MATLAB 函数[bt,at]=lp2bs(b,a,w_0,B_w)(其中,a、b 为模拟原型滤波器的分母

和分子多项式的系数；w_0 为带阻滤波器所期望的截止频率，B_w 为带阻滤波器带宽，单位都为 rad/s，$w_0=\sqrt{w_1 w_2}$，$B_w=w_2-w_1$）可求出带阻滤波器传递函数分母和分子多项式的系数。

5. 模拟滤波器的完全设计函数

MATLAB 提供了将低通原型模拟滤波器的设计与频率转换集成到一个函数中的完全设计函数，不同类型滤波器的完全设计函数如下：

```
[b,a] = butter(n,wn[,'ftype'], 's')
[z,p,k] = butter(n,wn[,'ftype'], 's')
[b,a] = cheby1(n,Rp,wn[,'ftype'], 's')
[z,p,k] = cheby1(n,Rp,wn[,'ftype'], 's')
[b,a] = cheby2(n,Rs,wn[,'ftype'], 's')
[z,p,k] = cheby2(n,Rs,wn[,'ftype'], 's')
[b,a] = ellip(n,Rp,Rs,wn[,'ftype'], 's')
[z,p,k] = cheby2(n,Rp,Rs,wn[,'ftype'], 's')
[b,a] = besself(n,wn[,'ftype'], 's')
[z,p,k] = besself(n,wn[,'ftype'], 's')
```

其中，n 为滤波器的阶数；wn 为滤波器的截止频率，单位 rad/s(wn>0)；'s'为模拟滤波器，默认时为数字滤波。'ftype'指滤波器的类型，可取为：

'high'高通滤波器，截止频率为 wn；

'stop'带阻滤波器，截止频率为 wn=[w1,w2]（w1>w2）；

'ftype'默认时为低通或带通滤波器。

【例 14-1】 设计四种类型的低通滤波器，通带边界频率为 20Hz，阻带边界频率为 30Hz，通带波纹 1dB，阻带衰减 30dB。通过完全设计函数进行设计，并对滤波器进行测试。

程序如下：

```
% Lab14_1.m
clear all
Rp = 1;Rs = 30;wp = 20 * 2 * pi;ws = 30 * 2 * pi;
% %
% 对应图 14 - 1 和图 14 - 2
% [N,wn] = buttord(wp,ws,Rp,Rs,'s');
% [bt,at] = butter(N,wn,'s');
% %
% 对应图 14 - 3 和图 14 - 4
% [N,wc] = cheb1ord(wp,ws,Rp,Rs,'s');
% [bt,at] = cheby1(N,Rp,wc,'s');
% %
% 对应图 14 - 5 和图 14 - 6
% [N,wc] = cheb2ord(wp,ws,Rp,Rs,'s');
% [bt,at] = cheby2(N,Rs,wc,'s');
% %
% 对应图 14 - 7 和图 14 - 8
[N,wc] = ellipord(wp,ws,Rp,Rs,'s');
[bt,at] = ellip(N,Rp,Rs,wc,'s');
```

```
%%
[h,w] = freqs(bt,at);
figure
mag = abs(h);
subplot(2,2,1),plot(w/2/pi,mag,'linewidth',3);
ylabel('mag','fontsize',16);
ylim([0 1.1]);
xlim([0 100]);
pha = angle(h) * 180/pi;
subplot(2,2,3),plot(w/2/pi,pha,'linewidth',3);
xlim([0 100]);
xlabel('f','fontsize',16);
ylabel('pha','fontsize',16);
H = [tf(bt,at)];
[h1,t1] = impulse(H);
subplot(2,2,2),plot(t1,h1,'linewidth',3);
ylabel('h1','fontsize',16);
ylim([-25 50])
[h2,t2] = step(H);
subplot(2,2,4),plot(t2,h2,'linewidth',3);
ylim([0 1.5])
xlabel('t','fontsize',16);
ylabel('h2','fontsize',16);
figure
dt = 1/200;
t = 0:dt:1;
u = 2 * sin(2 * pi * 3 * t) + 0.5 * cos(2 * pi * 10 * t) + sin(2 * pi * 40 * t);
subplot(2,2,1),plot(t,u,'linewidth',3);
xlim([0 0.5])
ylabel('x','fontsize',16);
[ys,ts] = lsim(H,u,t);
subplot(2,2,3),plot(ts,ys,'linewidth',3);
xlabel('t','fontsize',16),
xlim([0 0.5])
ylabel('y','fontsize',16)
x_mag = abs(fft(u)) * 2/ length(u);
subplot(2,2,2),
plot((0:length(u) - 1)/(length(u) * dt),x_mag,'linewidth',3);
ylabel('x-mag','fontsize',16);
subplot(2,2,4),
Y = fft(ys);
y_mag = abs(Y) * 2/length(Y);
plot((0:length(Y) - 1)/(length(Y) * dt),y_mag,'linewidth',3);
xlabel('f','fontsize',16)
ylabel('y-mag','fontsize',16)
```

程序运行结果如图 14-1～图 14-8 所示。

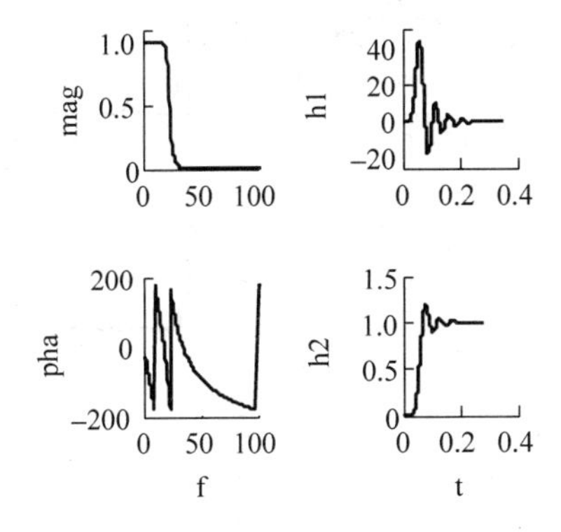

图 14-1　11 阶 Butterworth 低通滤波器的频率响应、脉冲响应和阶跃响应

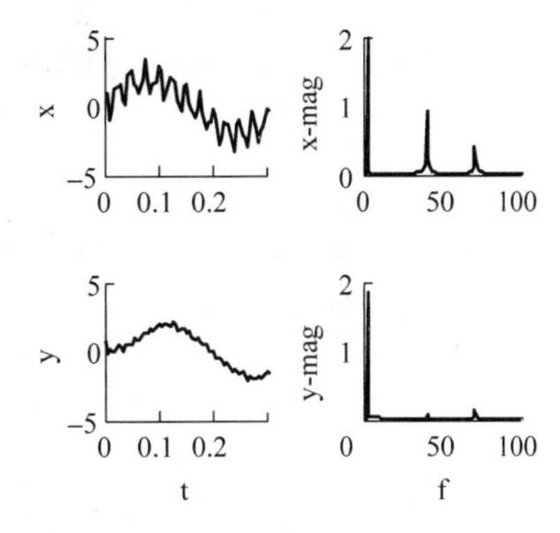

图 14-2　11 阶 Butterworth 滤波器的输入和输出信号

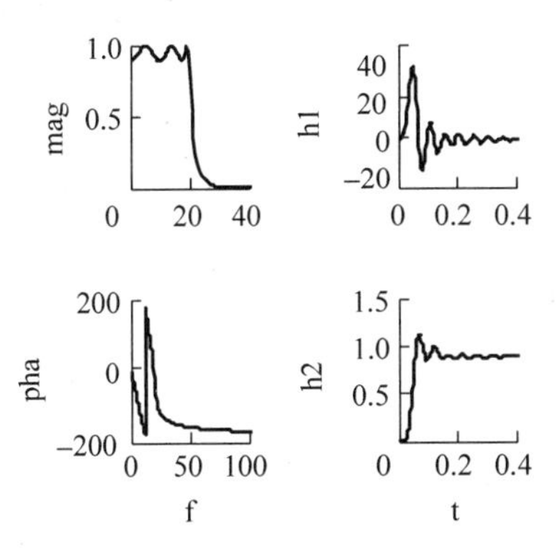

图 14-3　6 阶 Chebyshev Ⅰ低通滤波器的频率响应、脉冲响应和阶跃响应

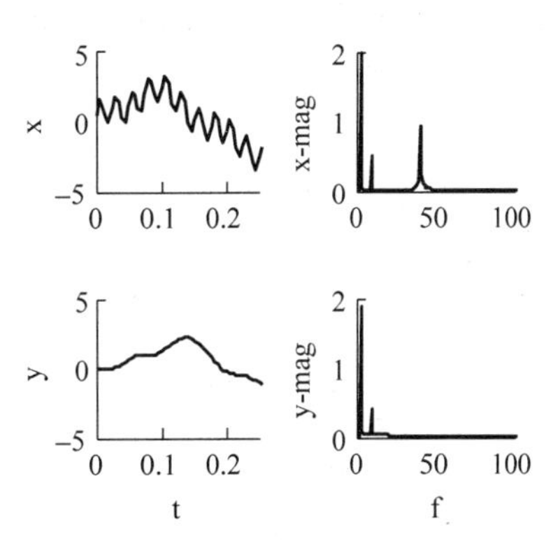

图 14-4　6 阶 Chebyshev Ⅰ低通滤波器的输入和输出信号

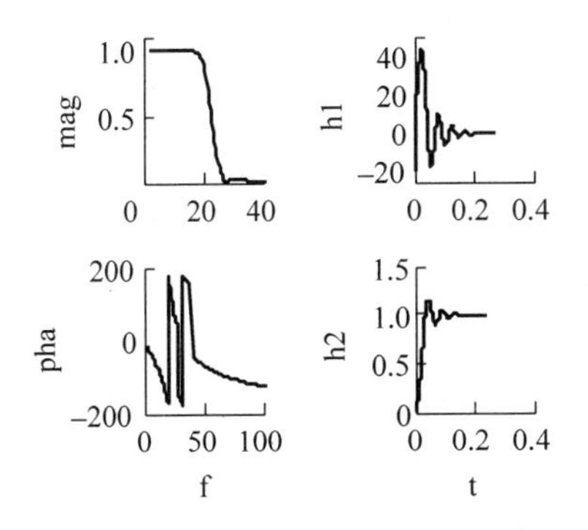

图 14-5　6 阶 Chebyshev Ⅱ低通滤波器的频率响应、脉冲响应和阶跃响应

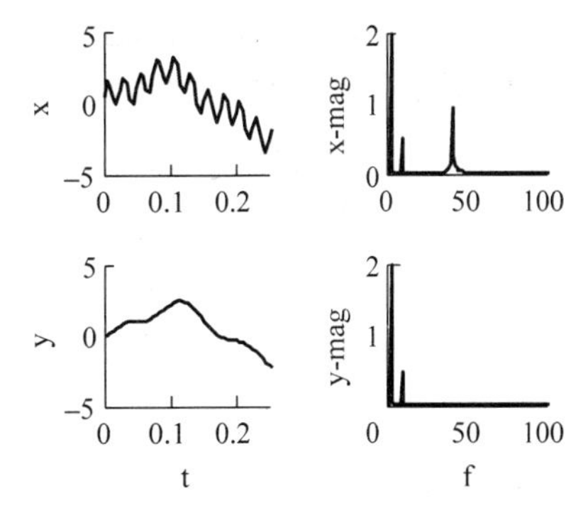

图 14-6　6 阶 Chebyshev Ⅱ低通滤波器的输入和输出信号

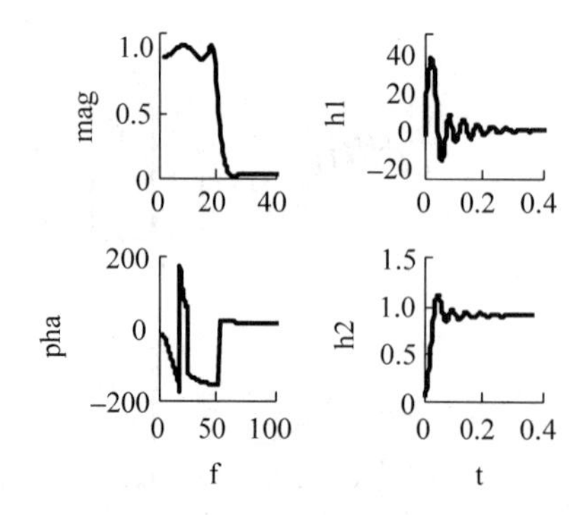

图 14-7　4 阶 Elliptic 低通滤波器的频率响应、脉冲响应和阶跃响应

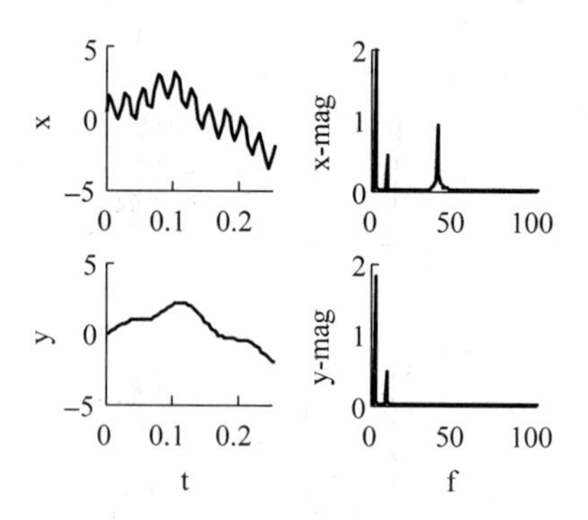

图 14-8　4 阶 Elliptic 低通滤波器的输入和输出信号

【例 14-2】 设计四种类型的带通滤波器，通带边界频率为 20Hz 和 50Hz，阻带边界频率为 10Hz 和 60Hz，通带波纹为 1dB，阻带衰减为 30dB。通过完全设计函数进行设计，并对滤波器进行测试。

程序如下：

```
%Lab14_2.m
clear all
Rp = 1;Rs = 30;wp = [20 50] * 2 * pi;ws = [10 60] * 2 * pi;
%%
%对应图 14 - 9 和图 14 - 10
% [N,wn] = buttord(wp,ws,Rp,Rs,'s');
% [bt,at] = butter(N,wn,'s');
%%
%对应图 14 - 11 和图 14 - 12
% [N,wc] = cheb1ord(wp,ws,Rp,Rs,'s');
% [bt,at] = cheby1(N,Rp,wc,'s');
%%
%对应图 14 - 13 和图 14 - 14
% [N,wc] = cheb2ord(wp,ws,Rp,Rs,'s');
% [bt,at] = cheby2(N,Rs,wc,'s');
%%
%对应图 14 - 15 和图 14 - 16
[N,wc] = ellipord(wp,ws,Rp,Rs,'s');
[bt,at] = ellip(N,Rp,Rs,wc,'s');
%%
[h,w] = freqs(bt,at);
%%
figure
mag = abs(h);
subplot(2,2,1),plot(w/2/pi,mag,'linewidth',3);
ylabel('mag','fontsize',16);
ylim([0 1.1]);
xlim([0 100]);
pha = angle(h) * 180/pi;
subplot(2,2,3),plot(w/2/pi,pha,'linewidth',3);
xlim([0 100]);
xlabel('f','fontsize',16);
```

```
ylabel('pha','fontsize',16);
H = [tf(bt,at)];
[h1,t1] = impulse(H);
subplot(2,2,2),plot(t1,h1,'linewidth',3);
ylabel('h1','fontsize',16);
ylim([ - 25 50])
[h2,t2] = step(H);
subplot(2,2,4),plot(t2,h2,'linewidth',3);
ylim([0 0.5])
xlabel('t','fontsize',16);
ylabel('h2','fontsize',16);
% %
figure
dt = 1/200;
t = 0:dt:1;
u = 2 * sin(2 * pi * 3 * t) + cos(2 * pi * 40 * t) + 0.5 * sin(2 * pi * 70 * t);
subplot(2,2,1),plot(t,u,'linewidth',3);
xlim([0 0.3])
ylabel('x','fontsize',16);
[ys,ts] = lsim(H,u,t);
subplot(2,2,3),plot(ts,ys,'linewidth',3);
xlabel('t','fontsize',16),
xlim([0 0.3]);
ylim([ - 5 5]);
ylabel('y','fontsize',16)
% ylim([ - 1 1])
x_mag = abs(fft(u)) * 2/ length(u);
subplot(2,2,2),
plot((0:length(u) - 1)/(length(u) * dt),x_mag,'linewidth',3);
ylabel('x - mag','fontsize',16);
subplot(2,2,4),
Y = fft(ys);
y_mag = abs(Y) * 2/length(Y);
plot((0:length(Y) - 1)/(length(Y) * dt),y_mag,'linewidth',3);
xlabel('f','fontsize',16)
ylabel('y - mag','fontsize',16)
```

程序运行结果如图 14-9～图 14-16 所示。

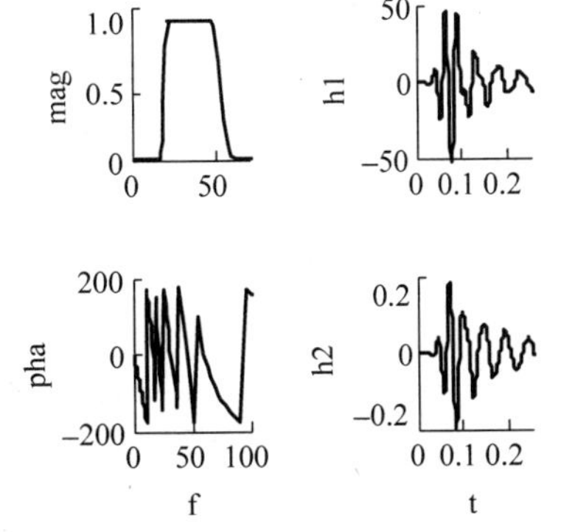

图 14-9　12 阶 Butterworth 带通滤波器的频率响应、脉冲响应和阶跃响应

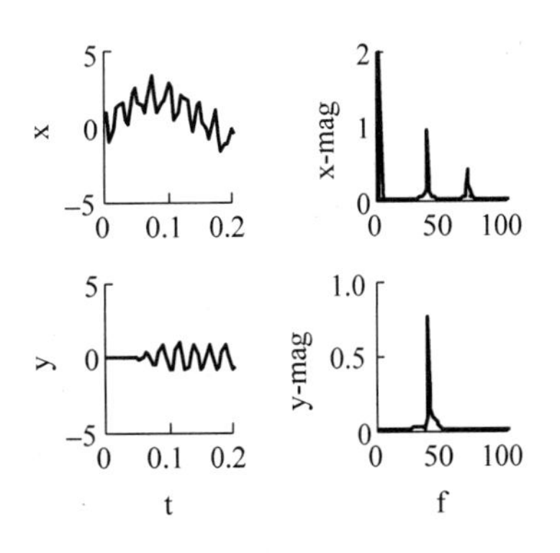

图 14-10　12 阶 Butterworth 带通滤波器的输入和输出信号

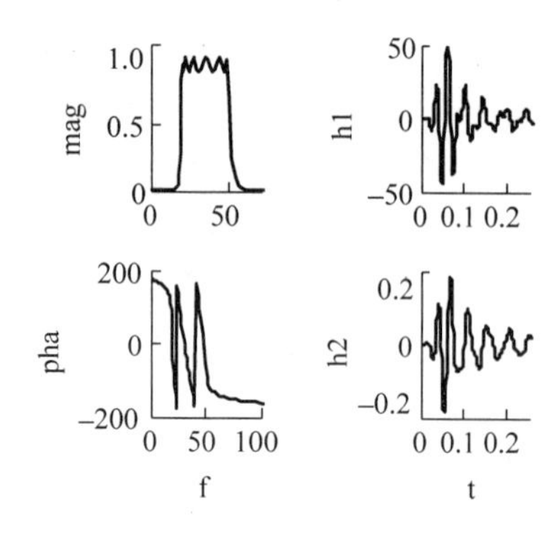

图 14-11 6 阶 Chebyshev Ⅰ带通滤波器的频率响应、脉冲响应和阶跃响应

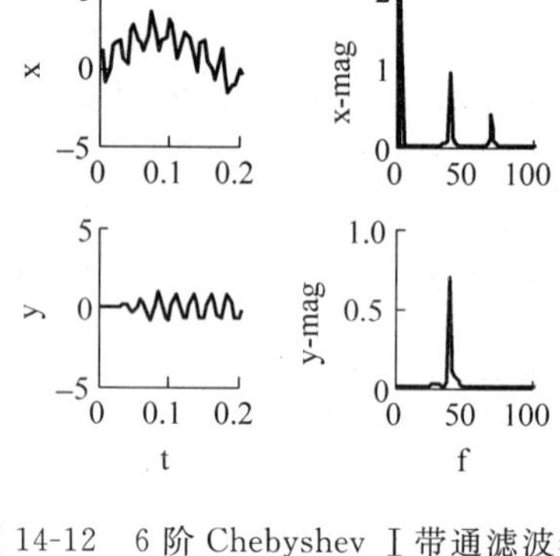

图 14-12 6 阶 Chebyshev Ⅰ带通滤波器的输入和输出信号

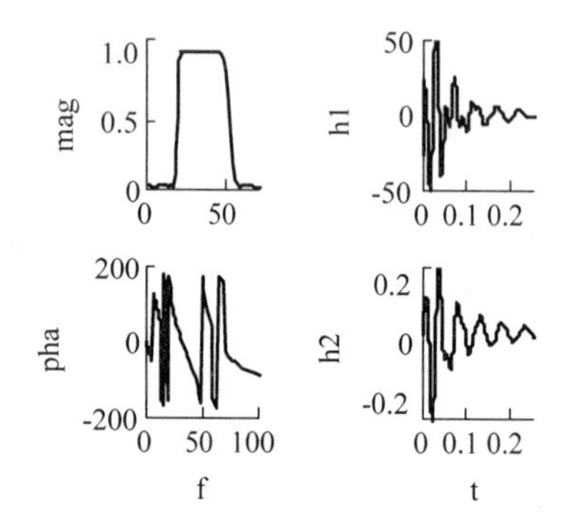

图 14-13 6 阶 Chebyshev Ⅱ带通滤波器的频率响应、脉冲响应和阶跃响应

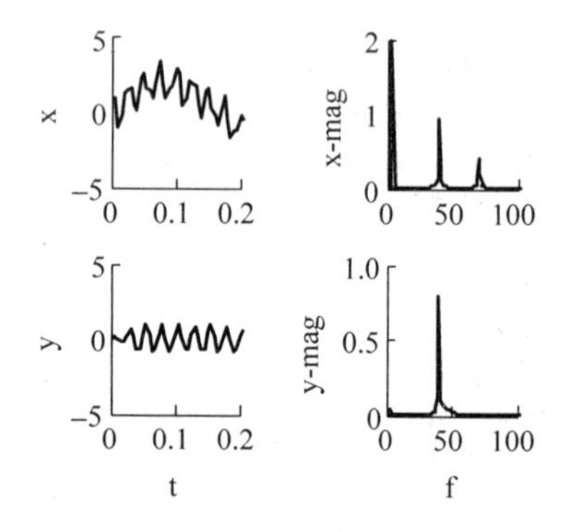

图 14-14 6 阶 Chebyshev Ⅱ带通滤波器的输入和输出信号

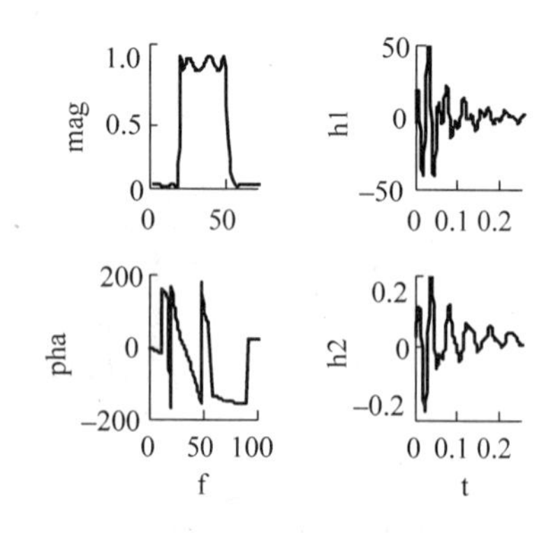

图 14-15 4 阶 Elliptic 带通滤波器的频率响应、脉冲响应和阶跃响应

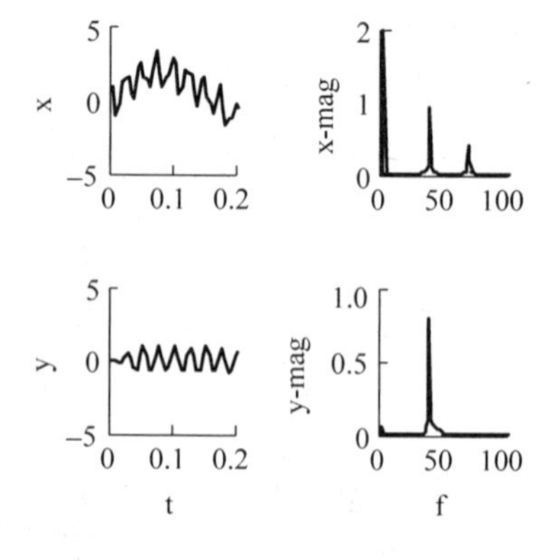

图 14-16 4 阶 Elliptic 带通滤波器的输入和输出信号

【例 14-3】 设计四种类型的高通滤波器，通带边界频率为 30Hz，阻带边界频率为 20Hz，通带波纹为 1dB，阻带衰减为 30dB。通过完全设计函数进行设计，并对滤波器进行测试。

程序如下：

```
% Lab14_3.m
clear all
Rp = 1;Rs = 30;ws = 20 * 2 * pi;wp = 30 * 2 * pi;
% %
% 对应图 14 - 17 和图 14 - 18
% [N,wn] = buttord(wp,ws,Rp,Rs,'s');
% [bt,at] = butter(N,wn,'high','s');
% %
% 对应图 14 - 19 和图 14 - 20
% [N,wc] = cheb1ord(wp,ws,Rp,Rs,'s');
% [bt,at] = cheby1(N,Rp,wc,'high','s');
% %
% 对应图 14 - 21 和图 14 - 22
% [N,wc] = cheb2ord(wp,ws,Rp,Rs,'s');
% [bt,at] = cheby2(N,Rs,wc,'high','s');
% %
% 对应图 14 - 23 和图 14 - 24
[N,wc] = ellipord(wp,ws,Rp,Rs,'s');
[bt,at] = ellip(N,Rp,Rs,wc,'high','s');
% %
[h,w] = freqs(bt,at);
% %
figure
mag = abs(h);
subplot(2,2,1),plot(w/2/pi,mag,'linewidth',3);
ylabel('mag','fontsize',16);
ylim([0 1.1]);
xlim([0 100]);
pha = angle(h) * 180/pi;
subplot(2,2,3),plot(w/2/pi,pha,'linewidth',3);
xlim([0 100]);
xlabel('f','fontsize',16);
ylabel('pha','fontsize',16);
H = [tf(bt,at)];
[h1,t1] = impulse(H);
subplot(2,2,2),plot(t1,h1/100,'linewidth',3);
ylabel('h1','fontsize',16);
xlim([ - 0.01 0.1])
[h2,t2] = step(H);
subplot(2,2,4),plot(t2,h2,'linewidth',3);
% ylim([0 1.5])
xlabel('t','fontsize',16);
ylabel('h2','fontsize',16);
% %
figure
dt = 1/200;
t = 0:dt:1;
u = 2 * sin(2 * pi * 3 * t) + 0.5 * cos(2 * pi * 10 * t) + sin(2 * pi * 40 * t);
subplot(2,2,1),plot(t,u,'linewidth',3);
```

```
xlim([0 0.3])
ylabel('x','fontsize',16);
[ys,ts] = lsim(H,u,t);
subplot(2,2,3),plot(ts,ys,'linewidth',3);
xlabel('t','fontsize',16),
xlim([0 0.3])
ylabel('y','fontsize',16)
x_mag = abs(fft(u)) * 2/ length(u);
subplot(2,2,2),
plot((0:length(u) - 1)/(length(u) * dt),x_mag,'linewidth',3);
ylabel('x - mag','fontsize',16);
subplot(2,2,4),
Y = fft(ys);
y_mag = abs(Y) * 2/length(Y);
plot((0:length(Y) - 1)/(length(Y) * dt),y_mag,'linewidth',3);
xlabel('f','fontsize',16)
ylabel('y - mag','fontsize',16)
```

程序运行结果如图 14-17～图 14-24 所示。

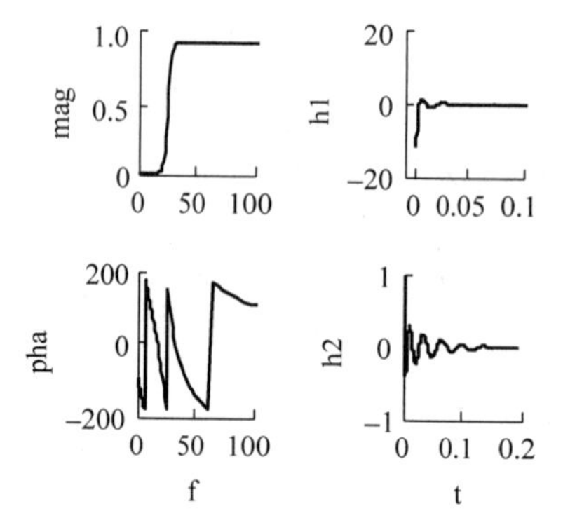

图 14-17　11 阶 Butterworth 高通滤波器的频率响应、脉冲响应和阶跃响应

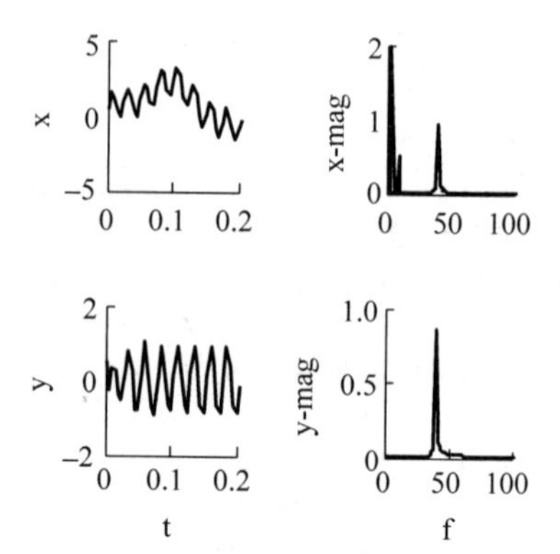

图 14-18　11 阶 Butterworth 高通滤波器的输入和输出信号

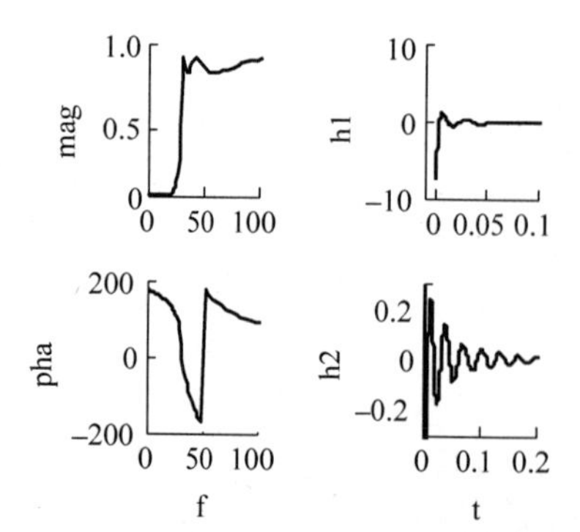

图 14-19　6 阶 Chebyshev Ⅰ 高通滤波器的输入和输出信号

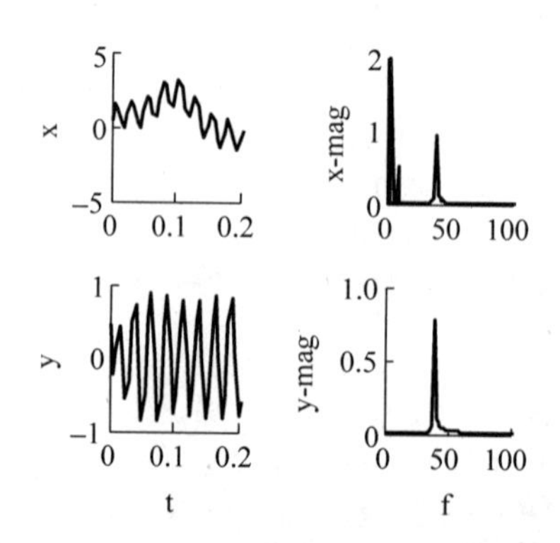

图 14-20　6 阶 Chebyshev Ⅰ 高通滤波器的输入和输出信号

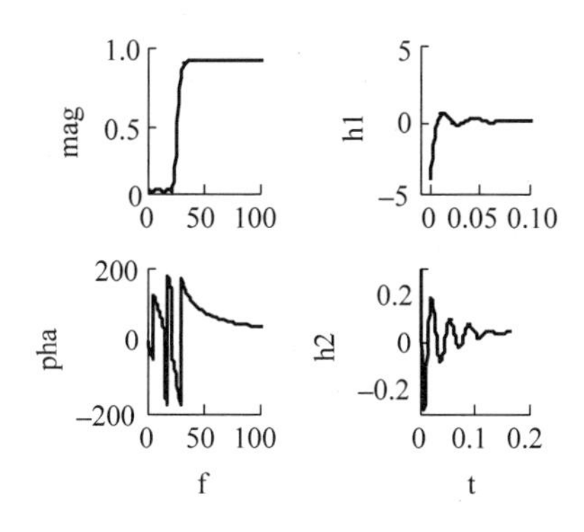

图 14-21　6 阶 Chebyshev Ⅱ高通滤波器的频率响应、脉冲响应和阶跃响应

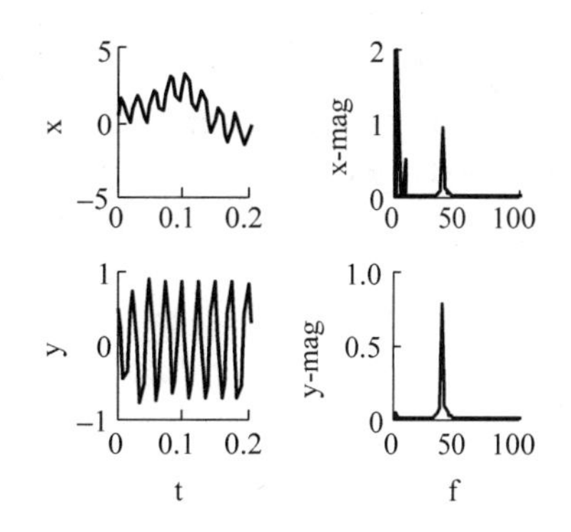

图 14-22　6 阶 Chebyshev Ⅱ高通滤波器的输入和输出信号

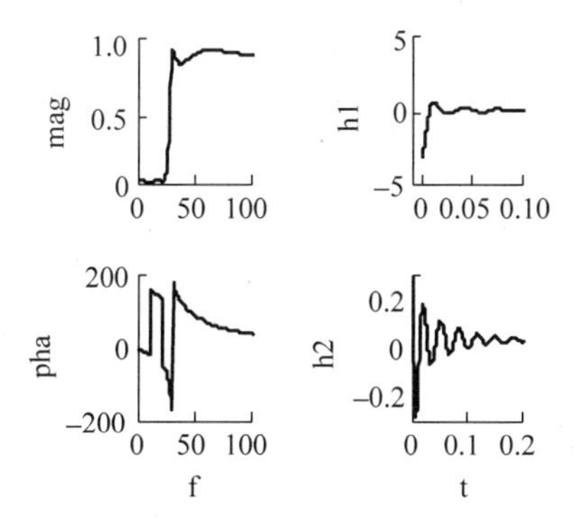

图 14-23　4 阶 Elliptic 高通滤波器的频率响应、脉冲响应和阶跃响应

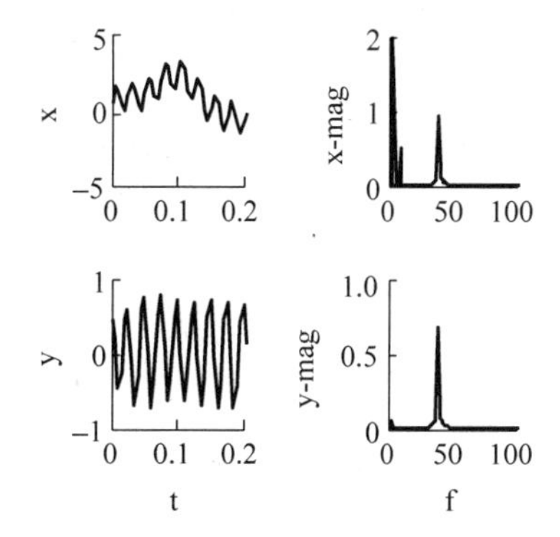

图 14-24　4 阶 Elliptic 高通滤波器的输入和输出信号

【例 14-4】　设计四种类型的带阻滤波器，阻带边界频率为 20Hz 和 50Hz，通带边界频率为 10Hz 和 60Hz，通带波纹为 1dB，阻带衰减为 30dB。通过完全设计函数进行设计，并对滤波器进行测试。

程序如下：

```
% Lab14_4.m
clear all
Rp = 1;Rs = 30;ws = [20 50] * 2 * pi;wp = [10 60] * 2 * pi;
%%
% 对应图 14 - 25 和图 14 - 26
% [N,wn] = buttord(wp,ws,Rp,Rs,'s');
% [bt,at] = butter(N,wn,'stop','s');
%%
% 对应图 14 - 27 和图 14 - 28
% [N,wc] = cheb1ord(wp,ws,Rp,Rs,'s');
% [bt,at] = cheby1(N,Rp,wc,'stop','s');
%%
% 对应图 14 - 29 和图 14 - 30
% [N,wc] = cheb2ord(wp,ws,Rp,Rs,'s');
```

```
% [bt,at] = cheby2(N,Rs,wc,'stop','s');
%%
%对应图 14-31 和图 14-32
[N,wc] = ellipord(wp,ws,Rp,Rs,'s');
[bt,at] = ellip(N,Rp,Rs,wc,'stop','s');
%%
[h,w] = freqs(bt,at);
%%
figure
mag = abs(h);
subplot(2,2,1),plot(w/2/pi,mag,'linewidth',3);
ylabel('mag','fontsize',16);
ylim([0 1.1]);
xlim([0 100]);
pha = angle(h) * 180/pi;
subplot(2,2,3),plot(w/2/pi,pha,'linewidth',3);
xlim([0 100]);
xlabel('f','fontsize',16);
ylabel('pha','fontsize',16);
H = [tf(bt,at)];
[h1,t1] = impulse(H);
subplot(2,2,2),plot(t1,h1/100,'linewidth',3);
ylabel('h1','fontsize',16);
xlim([0 0.2])
[h2,t2] = step(H);
subplot(2,2,4),plot(t2,h2,'linewidth',3);
xlim([0 0.5])
xlabel('t','fontsize',16);
ylabel('h2','fontsize',16);
%%
figure
dt = 1/200;
t = 0:dt:1;
u = 2 * sin(2 * pi * 3 * t) + cos(2 * pi * 40 * t) + 0.5 * sin(2 * pi * 70 * t);
subplot(2,2,1),plot(t,u,'linewidth',3);
xlim([0 0.3])
ylabel('x','fontsize',16);
[ys,ts] = lsim(H,u,t);
subplot(2,2,3),plot(ts,ys,'linewidth',3);
xlabel('t','fontsize',16),
xlim([0 0.3]);
ylim([-5 5]);
ylabel('y','fontsize',16)
x_mag = abs(fft(u)) * 2/ length(u);
subplot(2,2,2),
plot((0:length(u) - 1)/(length(u) * dt),x_mag,'linewidth',3);
ylabel('x-mag','fontsize',16);
subplot(2,2,4),
Y = fft(ys);
y_mag = abs(Y) * 2/length(Y);
plot((0:length(Y) - 1)/(length(Y) * dt),y_mag,'linewidth',3);
```

```
xlabel('f','fontsize',16)
ylabel('y - mag','fontsize',16)
```

程序运行结果如图 14-25～图 14-32 所示。

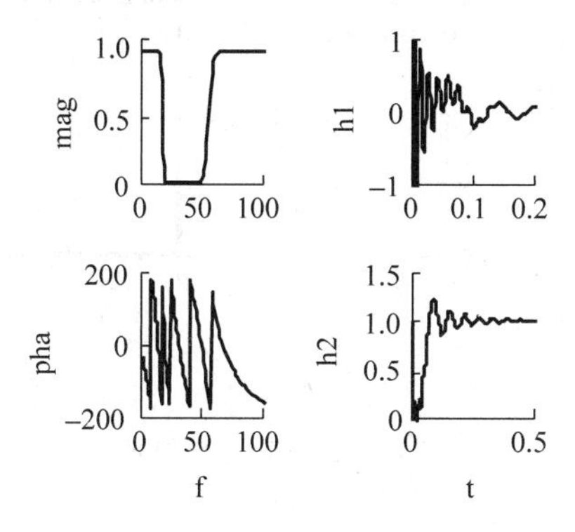

图 14-25　12 阶 Butterworth 带阻滤波器的频率响应、脉冲响应和阶跃响应

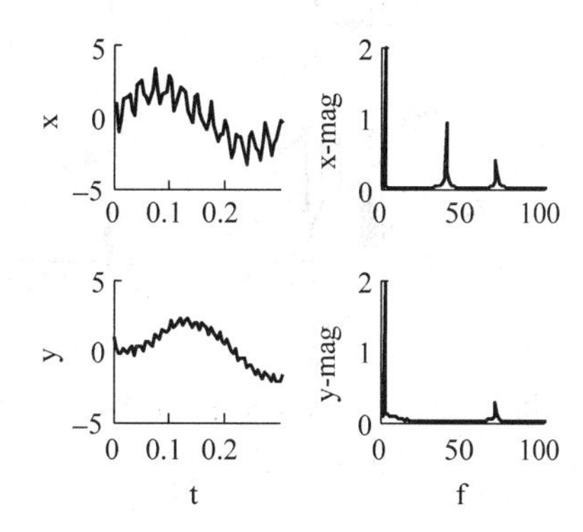

图 14-26　12 阶 Butterworth 带阻滤波器的输入和输出信号

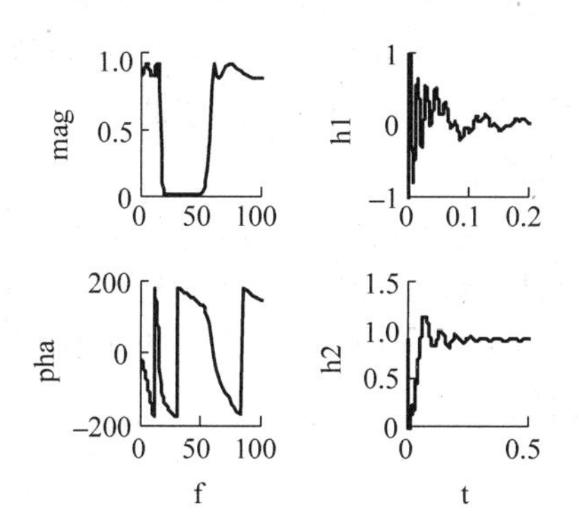

图 14-27　6 阶 Chebyshev Ⅰ带阻滤波器的频率响应、脉冲响应和阶跃响应

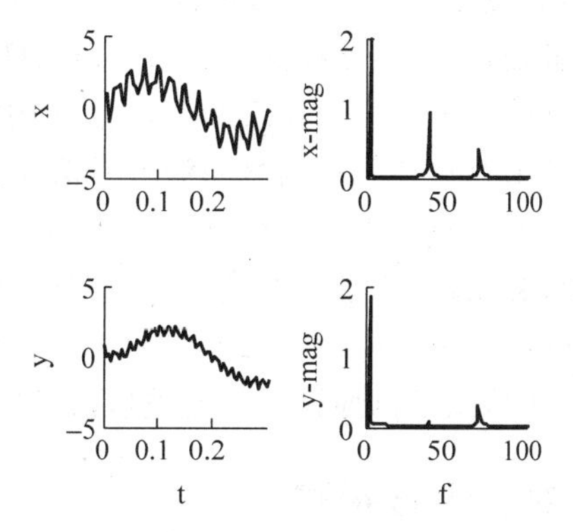

图 14-28　6 阶 Chebyshev Ⅰ带阻滤波器的输入和输出信号

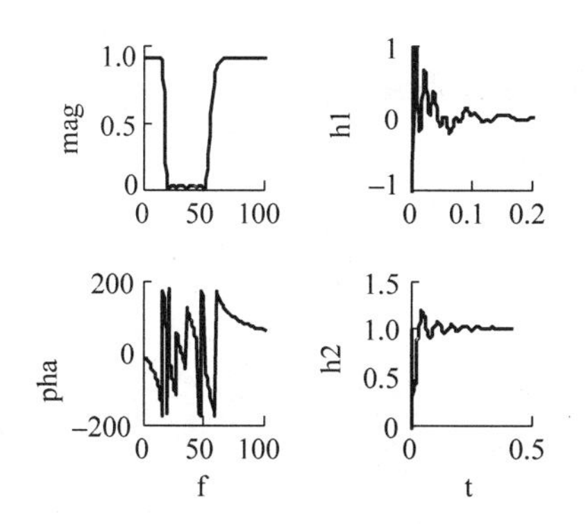

图 14-29　6 阶 Chebyshev Ⅱ带阻滤波器的频率响应、脉冲响应和阶跃响应

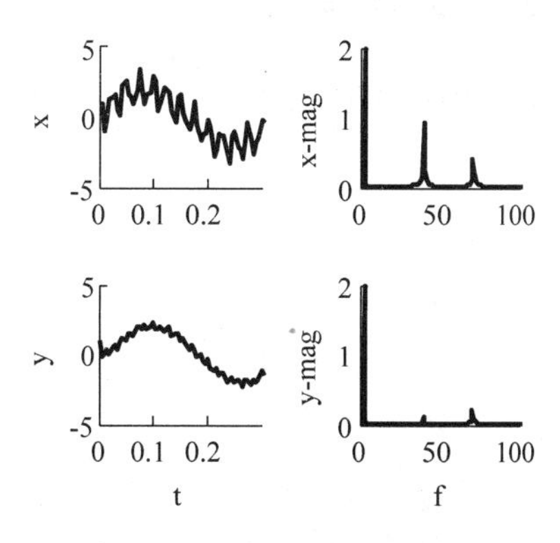

图 14-30　6 阶 Chebyshev Ⅱ带阻滤波器的输入和输出信号

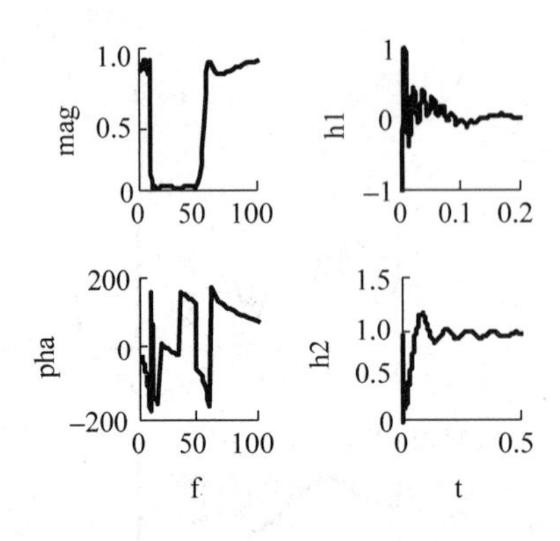

图 14-31　4 阶椭圆带阻滤波器的频率响应、脉冲响应和阶跃响应

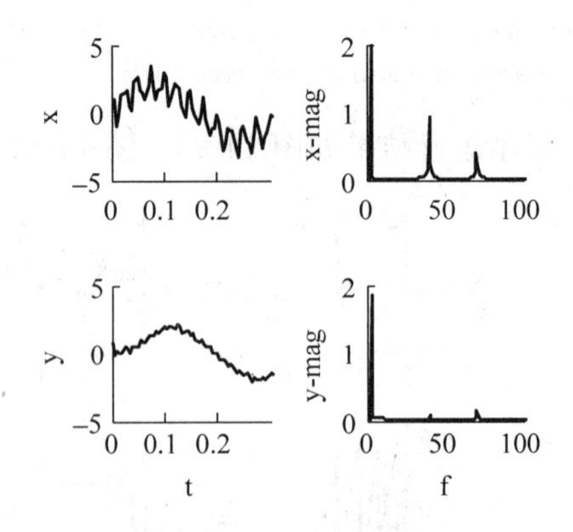

图 14-32　4 阶椭圆带阻滤波器的输入和输出信号

三、实验内容

(1) 分别设计一个 Butterworth、Chebyshev Ⅰ、Chebyshev Ⅱ、Elliptic 和 Bessel 高通椭圆滤波器，设计性能指标为：$\omega_p=1600\text{Hz}$，$\omega_s=800\text{Hz}$，$R_p=1\text{dB}$，$A_s=30\text{dB}$。给定输入信号 $x(t)=\sin 2\pi f_1 t+0.5\cos 2\pi f_2 t$，其中 $f_1=600\text{Hz}$，$f_2=2000\text{Hz}$。信号的采样频率为 10 000Hz。试绘制原信号与滤波后信号的时域频域曲线。

(2) 分别设计一个 Butterworth、Chebyshev Ⅰ、Chebyshev Ⅱ、Elliptic 和 Bessel 低通椭圆滤波器，设计性能指标为：$\omega_p=1000\text{Hz}$，$\omega_s=1500\text{Hz}$，$R_p=1\text{dB}$，$A_s=30\text{dB}$。给定输入信号 $x(t)=\sin 2\pi f_1 t+0.5\cos 2\pi f_2 t$，其中 $f_1=600\text{Hz}$，$f_2=2000\text{Hz}$。信号的采样频率为 10 000Hz，试绘制原信号与滤波后信号的时域频域曲线。

四、实验报告

打印程序及图件。

五、实验预习

认真阅读实验原理和例题程序，预先编写实验程序代码。

实验十五

无限脉冲响应数字滤波器的设计

一、实验目的

(1) 掌握用脉冲响应不变法设计无限脉冲响应(infinite impulse response,IIR)数字滤波器的步骤;

(2) 掌握用双线性变换法设计 IIR 数字滤波器的步骤;

(3) 掌握采用完全设计函数设计 IIR 数字滤波器的步骤。

二、实验原理

1. IIR 数字滤波器的基本原理

数字滤波器在时间域的计算公式见式(15-1),在频率域的计算公式见式(15-2),在 z 域的计算公式见式(15-3)。

$$y(n) = x(n) \otimes h(n) \tag{15-1}$$

$$Y(\mathrm{j}\omega) = X(\mathrm{j}\omega)H(\mathrm{j}\omega) \tag{15-2}$$

$$Y(z) = H(z)X(z) \tag{15-3}$$

2. IIR 滤波器的传递函数

IIR 滤波器的传递函数为

$$H(z) = \frac{Y(z)}{X(z)} = \sum_{n=0}^{\infty} h(n)z^{-n} = \frac{\sum_{r=0}^{M} b_r z^{-r}}{1 + \sum_{k=1}^{N} a_k z^{-k}} \tag{15-4}$$

3. 理想数字滤波器的特点

理想数字滤波器的频率特性 $H_{\mathrm{d}}(\mathrm{j}\omega)$ 在通带内必须满足

$$\begin{cases} |H_{\mathrm{d}}(\mathrm{j}\omega)| = K \\ \angle H_{\mathrm{d}}(\mathrm{j}\omega) = -\alpha\omega \end{cases} \tag{15-5}$$

4. IIR 数字滤波器的特点

数字滤波器在满足相同性能指标要求的前提下，IIR 滤波器的阶数明显低于有限脉冲响应(finite impulse response, FIR)滤波器，但是 IIR 滤波器的相位是非线性的。

5. IIR 滤波器的设计步骤

(1) 设计模拟低通滤波器原型(调用函数：buttap，cheb1ap，cheb2ap，ellipap，besselap)；

(2) 频率变换(调用函数：lp2lp，lp2hp，lp2bp，lp2bs)；

(3) 模拟离散化(调用函数：bilinear，impinvar)；

(4) IIR 数字滤波器的测试。

6. 脉冲响应不变法

IIR 数字滤波器的脉冲响应 $h_d[n]$ 为对模拟滤波器脉冲响应 $h_c[t]$ 的采样，采样周期为 T，表示为

$$h_d[n] = h_c(nT) \tag{15-6}$$

采用脉冲响应不变法求解 IIR 数字滤波器传递函数的推导过程如下。

连续时间系统函数为

$$H_c(s) = \sum_{k=1}^{N} \frac{A_k}{s - s_k} \tag{15-7}$$

对连续时间系统函数作逆拉氏变换，可得连续时间系统的脉冲响应为

$$h_c(t) = \sum_{k=1}^{N} A_k e^{s_k t} u(t) \tag{15-8}$$

对连续时间脉冲响应以 T 为采样周期进行采样，可得离散时间系统的脉冲响应为

$$h_d(n) = \sum_{k=1}^{N} A_k e^{s_k nT} u(n) \tag{15-9}$$

对离散时间系统的脉冲响应作 z 变换，可得离散时间系统的系统函数为

$$H_d(z) = \sum_{k=1}^{N} \frac{A_k}{1 - e^{s_k T} z^{-1}} \tag{15-10}$$

7. 双线性变换法

双线性变换法的基本思想是将 s 平面的整个频率轴映射到 z 域的一个频率周期中，这种变换是非线性的。

双线性变换法是将连续时间系统函数 $H_c(s)$ 中的 s 变量用式(15-11)替换，可得离散时间系统的系统函数 $H_d(z)$，见式(15-12)。

$$s = \frac{2}{T}\left(\frac{1 - z^{-1}}{1 + z^{-1}}\right) \tag{15-11}$$

$$H_d(z) = H_c\left[\frac{2}{T}\left(\frac{1 - z^{-1}}{1 + z^{-1}}\right)\right] \tag{15-12}$$

由式(15-11)求解 z，可得

$$z = \frac{1 + \frac{T}{2}s}{1 - \frac{T}{2}s} \tag{15-13}$$

将 $s=\sigma+\mathrm{j}\Omega$ 代入式(15-13)，可得

$$z=\frac{1+\sigma\frac{T}{2}+\mathrm{j}\Omega\frac{T}{2}}{1-\sigma\frac{T}{2}-\mathrm{j}\Omega\frac{T}{2}} \tag{15-14}$$

由式(15-14)可知，当 $\sigma<0$ 时，$|z|<1$；当 $\sigma>0$ 时，$|z|>1$。如果连续时间系统的极点位于 s 平面的左半平面，映射到 z 平面将位于单位圆内，因此因果稳定的连续时间系统映射为因果稳定的离散时间系统。

当 $\sigma=0$ 时，$|z|=1$。将 $s=\sigma+\mathrm{j}\Omega$ 和 $z=\mathrm{e}^{\mathrm{j}\omega}$ 代入式(15-13)，可得

$$s=\sigma+\mathrm{j}\Omega=\frac{2}{T}\left(\frac{1-\mathrm{e}^{-\mathrm{j}\omega}}{1+\mathrm{e}^{-\mathrm{j}\omega}}\right)=\frac{2\mathrm{j}}{T}\tan\frac{\omega}{2} \tag{15-15}$$

由式(15-15)可得 Ω 和 ω 的关系为

$$\Omega=\frac{2}{T}\tan\frac{\omega}{2} \tag{15-16}$$

8. 群延迟

群延迟为信号通过滤波器的延迟随频率变化的函数，即滤波器相频特性图上切线的负斜率。

9. IIR 数字滤波器经典设计法的步骤

IIR 数字滤波器经典设计法的一般步骤如下：

(1) 根据给定的性能指标，将数字边界频率变换为模拟频率，用转换后的模拟频率指标作为模拟滤波器原型设计的性能指标；

(2) 估计模拟滤波器最小阶数和边界频率；

(3) 设计模拟低通滤波器原型；

(4) 由模拟原型低通滤波器经频率变换获得模拟滤波器(低通、高通、带通、带阻等)；

(5) 将模拟滤波器离散化获得 IIR 数字滤波器(采用 MATLAB 工具函数 bilinear 或 impinvar)。

10. 数字 IIR 滤波器的完全设计函数

数字 IIR 滤波器的完全设计函数如下所示：

```
[b,a] = butter(n,wn[,'ftype'])
[z,p,k] = butter(n,wn[, 'ftype'])
[b,a] = cheby1(n,Rp,wn[,'ftype'])
[z,p,k] = cheby1(n, Rp,wn[,'ftype'])
[b,a] = cheby2(n,Rs,wn[,'ftype'])
[z,p,k] = cheby2(n, Rs,wn[,'ftype'])
[b,a] = ellip(n,Rp,Rs,wn[,'ftype'])
[z,p,k] = ellip(n, Rp,Rs,wn[,'ftype'])
```

其中，n 为滤波器的阶数；wn 为滤波器的截止频率，取值为 0～1。

'ftype'滤波器的类型如下：

'high'为高通滤波器，截止频率为 wn；

'stop'为带阻滤波器，截止频率为 wn=[w1,w2] (w1>w2)；

'ftype'默认时为低通或带通滤波器。

a、b 分别为滤波器传递函数分子和分母多项式系数向量；z、p、k 分别为滤波器的零点、

极点和增益；Rp，Rs 分别为所设计滤波器的通带波纹和阻带衰减，单位为 dB。

【例 15-1】 采用脉冲响应不变法设计一个低通数字滤波器，通带归一化边界频率为 0.2，阻带归一化边界频率为 0.4，通带波纹小于 1dB，阻带衰减大于 15dB，采样频率为 100Hz。假设一个信号 $x(t)=\sin 2\pi F_1 t+0.5\cos 2\pi F_2 t$，其中 $F_1=5\text{Hz}$，$F_2=40\text{Hz}$。试绘制该低通滤波器的频率响应及原信号与通过该滤波器的输出信号。

程序如下：

```
%Lab15_1.m
clear all
wp = 0.2 * pi;ws = 0.4 * pi;Rp = 1;Rs = 15;
T = 0.02;Nn = 128;
Wp = wp/T;Ws = ws/T;
% ----------------------------------
%图 15 - 1,图 15 - 2
% [N,Wn] = buttord(Wp,Ws,Rp,Rs,'s');                %设计模拟滤波器
% [z,p,k] = buttap(N);
% ------------------------------
%图 15 - 3,图 15 - 4
% [N,wc] = cheb1ord(wp,ws,Rp,Rs,'s');
% [z,p,k] = cheb1ap(N,Rp);
% -------------------------------
%图 15 - 5,图 15 - 6
% [N,wc] = cheb2ord(wp,ws,Rp,Rs,'s');
% [z,p,k] = cheb2ap(N,Rs);
% ------------------------------------------------
%图 15 - 7,图 15 - 8
% [N,wc] = ellipord(wp,ws,Rp,Rs,'s');
% [z,p,k] = ellipap(N,Rp,Rs);
% ----------------------------------------------
%图 15 - 9,图 15 - 10
[z,p,k] = besselap(5);
% --------------------------------
[Bap,Aap] = zp2tf(z,p,k);
[b,a] = lp2lp(Bap,Aap,Wn);
[bz,az] = impinvar(b,a,1/T);                        %模拟到数字的转换
figure(1)
[H,f] = freqz(bz,az,Nn,1/T);
subplot(2,1,1),plot(f,abs(H));
subplot(2,1,2),plot(f,180/pi * unwrap(angle(H)))
figure(2)
f1 = 2;f2 = 20;
N = 100;
n = 0:N - 1;t = n * T;
x = sin(2 * pi * f1 * t) + 0.5 * cos(2 * pi * f2 * t);
subplot(2,2,1),plot(t,x),
y = filtfilt(bz,az,x);
subplot(2,2,2),plot(t,y),
subplot(2,2,3),plot((0:length(x) - 1)/(length(x) * T),abs(fft(x)) * 2/ length(x));
subplot(2,2,4),
```

```
Y = fft(y);
plot((0:length(Y) - 1)/(length(Y) * T),abs(Y) * 2/length(Y));
```

程序运行结果如图 15-1～图 15-10 所示。

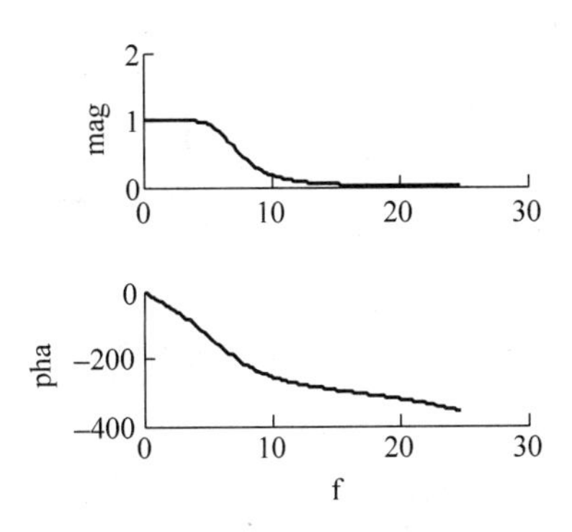

图 15-1　Butterworth 低通数字滤波器的频率响应

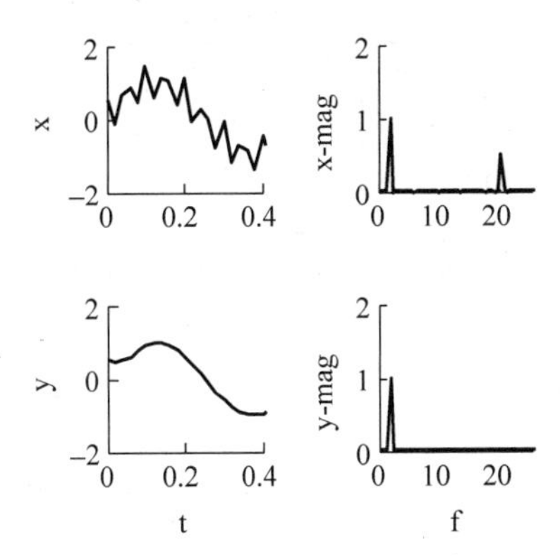

图 15-2　Butterworth 低通数字滤波器的输入和输出

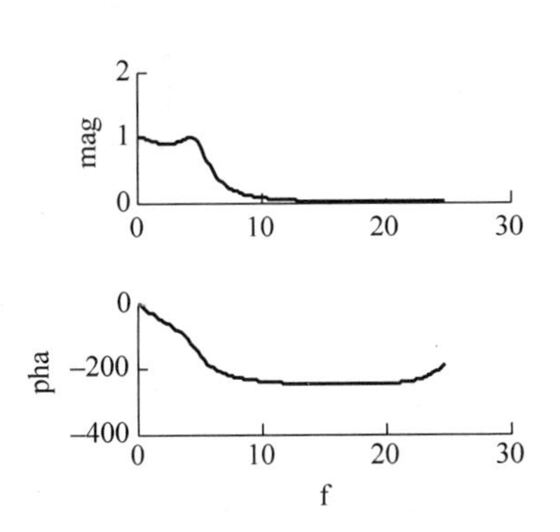

图 15-3　Chebyshev Ⅰ低通数字滤波器的频率响应

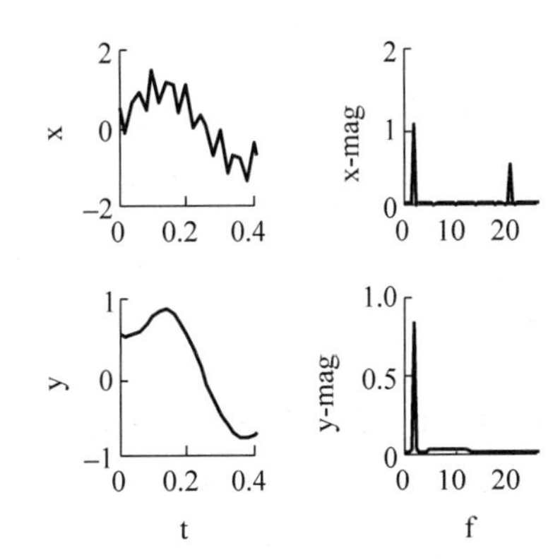

图 15-4　Chebyshev Ⅰ低通数字滤波器的输入和输出

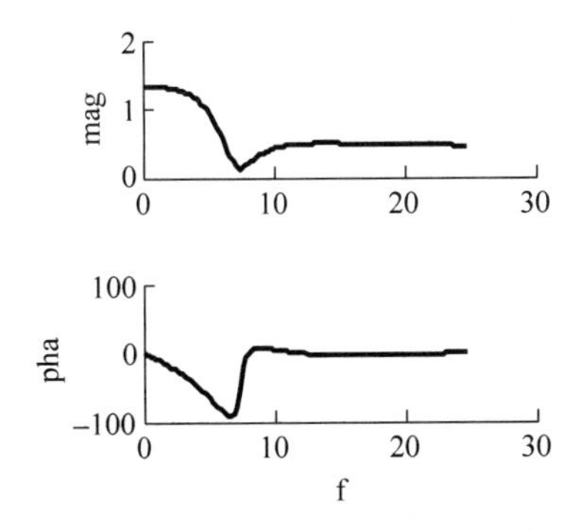

图 15-5　Chebyshev Ⅱ低通数字滤波器的频率响应

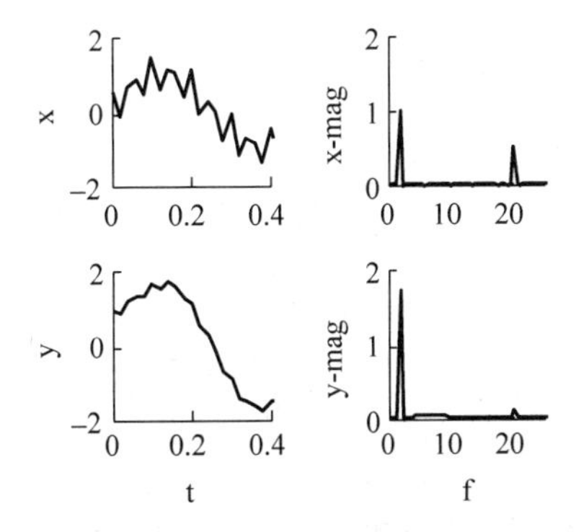

图 15-6　Chebyshev Ⅱ低通数字滤波器的输入和输出

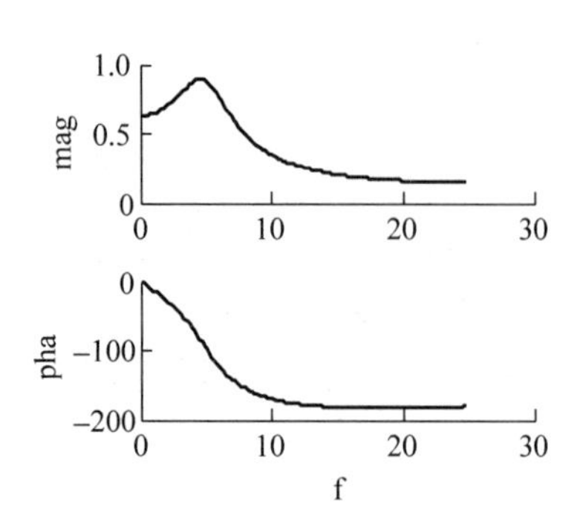

图 15-7　Elliptic 低通数字滤波器的频率响应

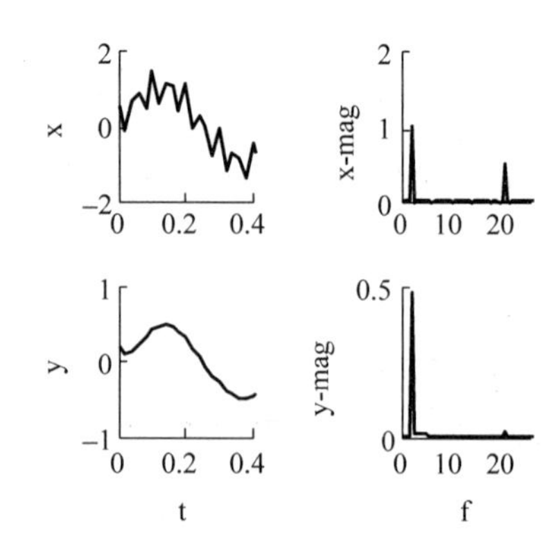

图 15-8　Elliptic 低通数字滤波器的输入和输出

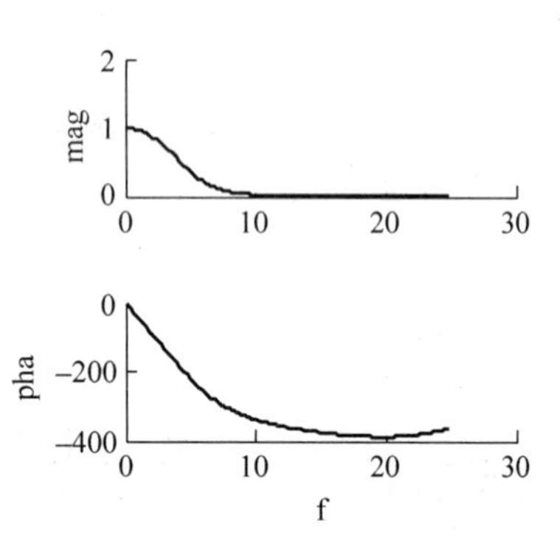

图 15-9　Bessel 低通数字滤波器的频率响应

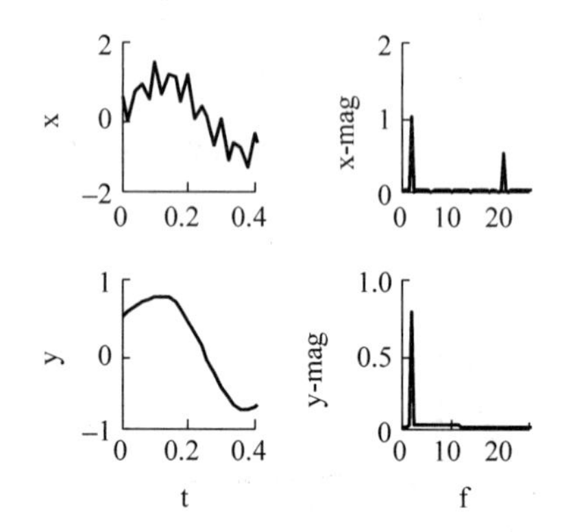

图 15-10　Bessel 低通数字滤波器的输入和输出

【例 15-2】 采用完全设计函数设计一个带通型数字滤波器，通带为 20～30Hz，过渡带宽均为 10Hz，通带波纹小于 1dB，阻带衰减大于 30dB，采样频率 $F_s=100$Hz。给定一个信号 $x(t)=\sin 2\pi F_1 t+0.3\cos 2\pi F_2 t+0.1\sin 2\pi F_3 t$，其中 $F_1=8$Hz，$F_2=26$Hz，$F_3=42$Hz。试绘制该低通滤波器的频率响应及原信号与通过该滤波器的输出信号。

程序如下：

```
%Lab15_2.m
clear all
Fs = 100;
wp = [20 30] * 2/Fs;
ws = [10 40] * 2/Fs;
Rp = 1;Rs = 30;Nn = 128;
% ------------------
%图 15 - 11,图 15 - 12
[N,Wn] = buttord(wp,ws,Rp,Rs);
% [b,a] = butter(N,Wn);
% -------------------------------------
%图 15 - 13,图 15 - 14
% [N,wc] = cheb1ord(wp,ws,Rp,Rs,'s');
% [b,a] = cheby1(N,Rp,wc);
% ----------------------
%图 15 - 15,图 15 - 16
% [N,wc] = cheb2ord(wp,ws,Rp,Rs,'s');
```

```
% [b,a] = cheby2(N,Rs,wc);
% ---------------------
%图 15 - 17,图 15 - 18
% [N,wc] = ellipord(wp,ws,Rp,Rs,'s');
% [b,a] = ellip(N,Rp,Rs,wc);
figure(1)
[H,f] = freqz(b,a,Nn,Fs);
subplot(2,1,1),plot(f,abs(H));
subplot(2,1,2),plot(f,180/pi * unwrap(angle(H)))
figure(2)
dt = 1/Fs;
t = 0:dt:0.1;
x = sin(2 * pi * 8 * t) + 0.5 * cos(2 * pi * 26 * t) + 2 * sin(2 * pi * 42 * t);
subplot(2,2,1),plot(t,x),
y = filtfilt(b,a,x);
subplot(2,2,2),plot(t,y)
ylim([ - 0.2 0.3])
T = 1/Fs;
subplot(2,2,3),plot((0:length(x) - 1)/(length(x) * T),abs(fft(x)) * 2/ length(x));
subplot(2,2,4),
Y = fft(y);
plot((0:length(Y) - 1)/(length(Y) * T),abs(Y) * 2/length(Y));
```

程序运行结果如图 15-11～图 15-18 所示。

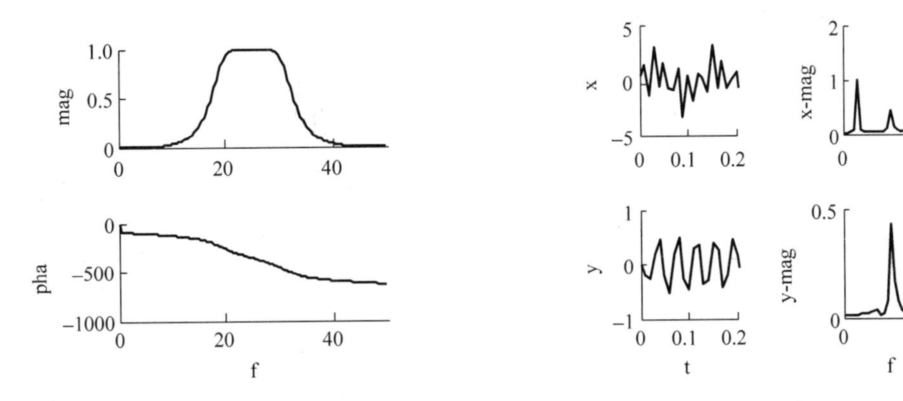

图 15-11　Butterworth 带通数字滤波器的频率响应

图 15-12　Butterworth 带通数字滤波器的输入和输出

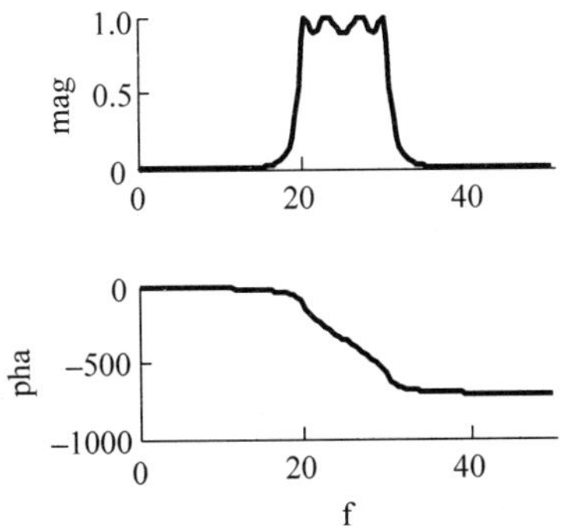

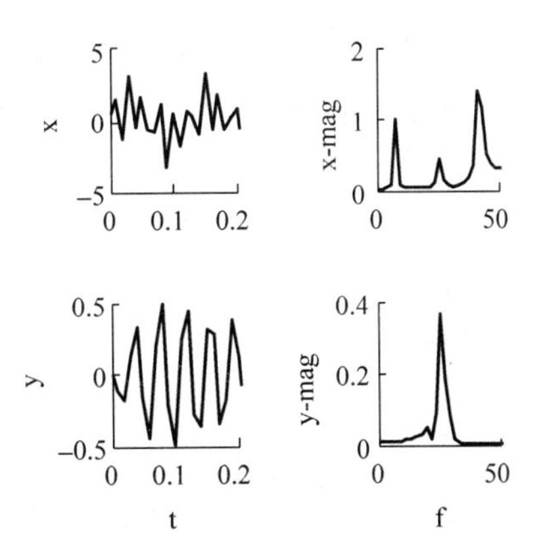

图 15-13　Chebyshev Ⅰ 带通数字滤波器的频率响应

图 15-14　Chebyshev Ⅰ 带通数字滤波器的输入和输出

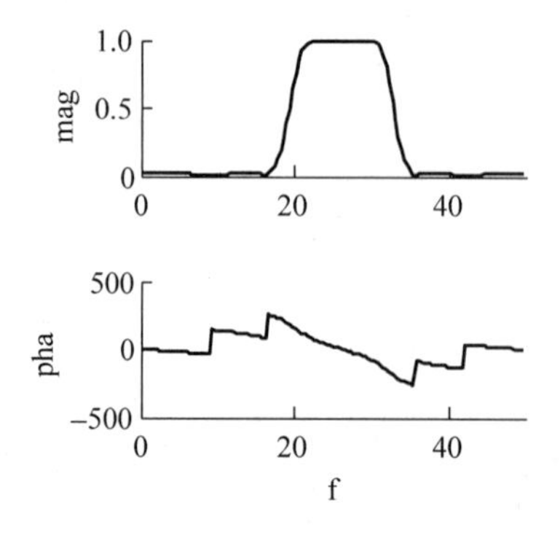

图 15-15 Chebyshev Ⅱ带通数字滤波器的频率响应

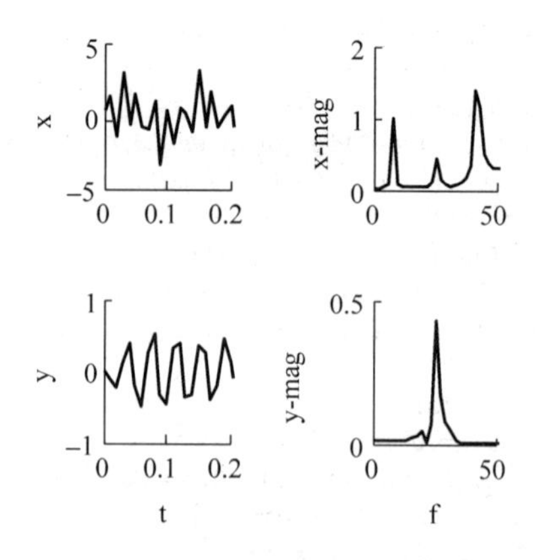

图 15-16 Chebyshev Ⅱ带通数字滤波器的输入和输出

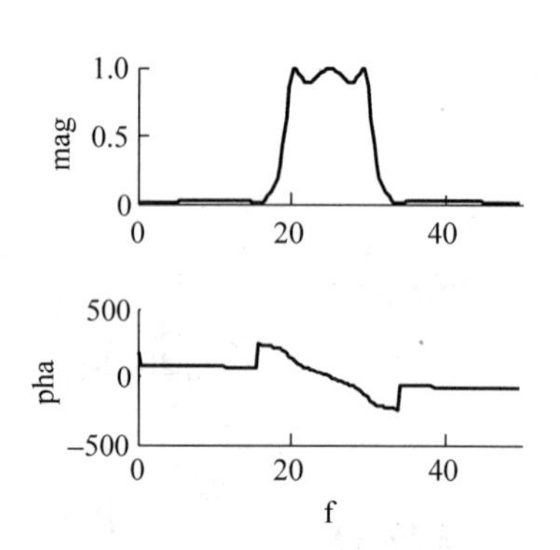

图 15-17 Elliptic 带通数字滤波器的频率响应

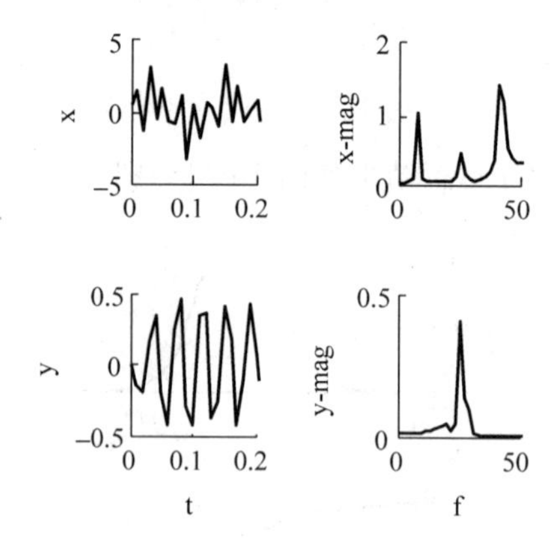

图 15-18 Elliptic 带通数字滤波器的输入和输出

【例 15-3】 采用完全设计函数设计一个低通型数字滤波器，通带为 20Hz，过渡带宽均为 10Hz，通带波纹小于 1dB，阻带衰减大于 30dB，采样频率 $F_s=100$Hz。假设一个信号 $x(t)=\sin 2\pi F_1 t+0.3\cos 2\pi F_2 t+0.1\sin 2\pi F_3 t$，其中 $F_1=100$Hz，$F_2=500$Hz，$F_3=0$Hz。试绘制该低通滤波器的频率响应及原信号与通过该滤波器的输出信号。

程序如下：

```
%Lab15_3.m
clear all
Fs = 100;
wp = 20 * 2/Fs;
ws = 30 * 2/Fs;
Rp = 1;Rs = 30;Nn = 128;
% ------------------
%图 15 - 19,图 15 - 20
%   [N,Wn] = buttord(wp,ws,Rp,Rs);
```

```
%   [b,a] = butter(N,Wn);
% -------------------------------------
%图 15 - 21,图 15 - 22
% [N,wc] = cheb1ord(wp,ws,Rp,Rs);
% [b,a] = cheby1(N,Rp,wc);
% ---------------------
%图 15 - 23,图 15 - 24
% [N,wc] = cheb2ord(wp,ws,Rp,Rs);
% [b,a] = cheby2(N,Rs,wc);
% --------------------
%图 15 - 25,图 15 - 26
[N,wc] = ellipord(wp,ws,Rp,Rs);
[b,a] = ellip(N,Rp,Rs,wc);
figure(1)
[H,f] = freqz(b,a,Nn,Fs);
subplot(2,1,1),plot(f,abs(H));
subplot(2,1,2),plot(f,180/pi * unwrap(angle(H)))
figure(2)
dt = 1/Fs;
t = 0:dt:0.3;
x = sin(2 * pi * 10 * t) + 0.5 * cos(2 * pi * 40 * t);
subplot(2,2,1),plot(t,x),
y = filtfilt(b,a,x);
subplot(2,2,2),plot(t,y)
T = 1/Fs;
subplot(2,2,3),plot((0:length(x) - 1)/(length(x) * T),abs(fft(x)) * 2/ length(x));
subplot(2,2,4),
Y = fft(y);
plot((0:length(Y) - 1)/(length(Y) * T),abs(Y) * 2/length(Y));
```

程序运行结果如图 15-19～图 15-26 所示。

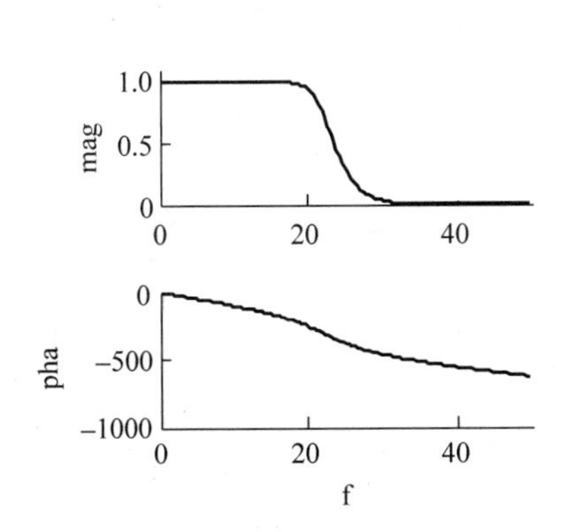

图 15-19　Butterworth 低通数字滤波器的频率响应

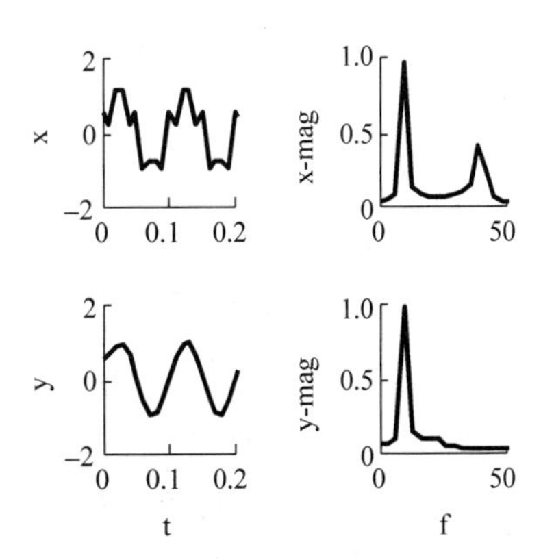

图 15-20　Butterworth 低通数字滤波器的输入和输出

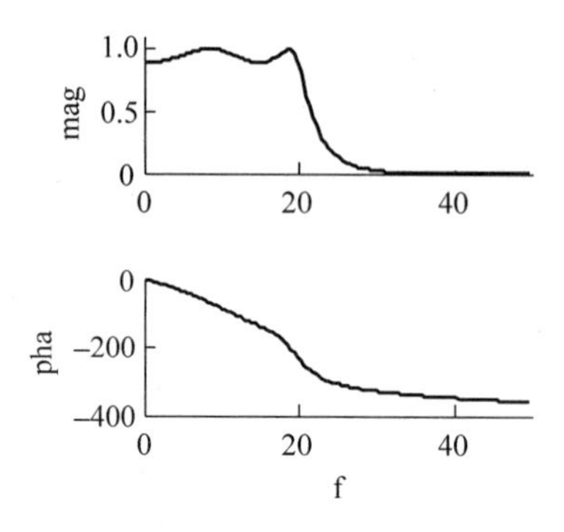

图 15-21　Chebyshev Ⅰ低通数字滤波器的频率响应

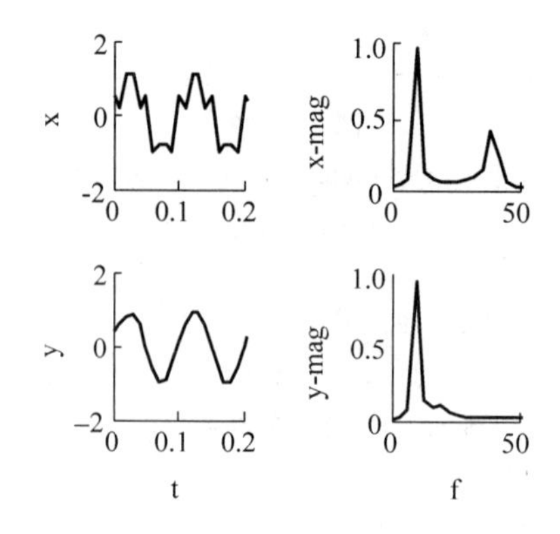

图 15-22　Chebyshev Ⅰ低通数字滤波器的输入和输出

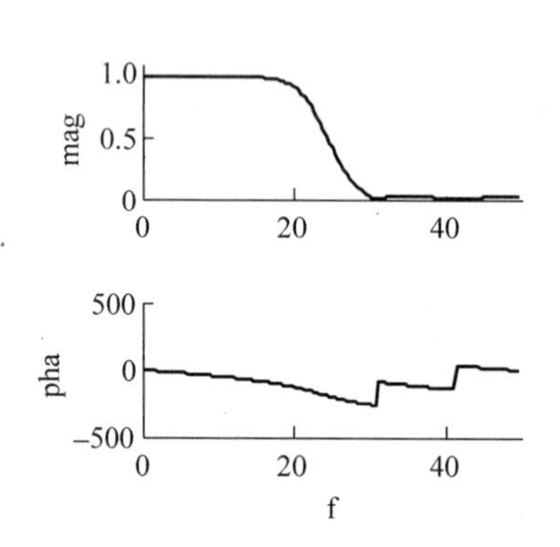

图 15-23　Chebyshev Ⅱ低通数字滤波器的频率响应

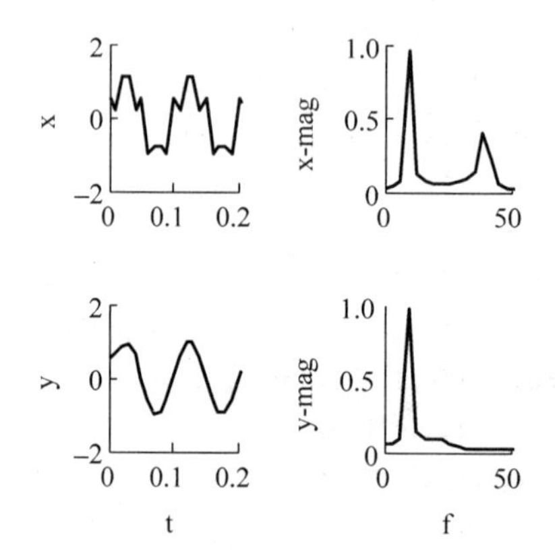

图 15-24　Chebyshev Ⅱ低通数字滤波器的输入和输出

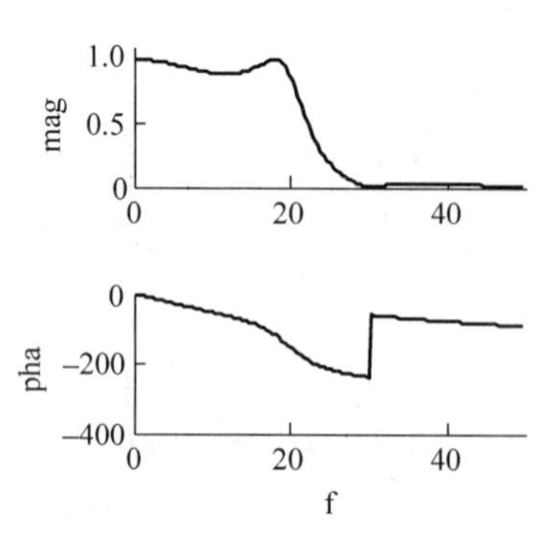

图 15-25　Elliptic 低通数字滤波器的频率响应

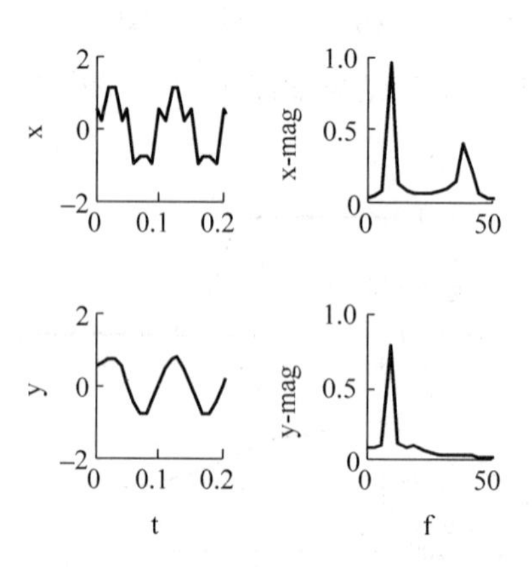

图 15-26　Elliptic 低通数字滤波器的输入和输出

【例 15-4】 采用完全设计函数设计一个高通型数字滤波器，通带为 20Hz，过渡带宽均为 30Hz，通带波纹小于 1dB，阻带衰减大于 30dB，采样频率 $F_s=2000\text{Hz}$。给定信号 $x(t)=\sin 2\pi F_1 t+0.3\cos 2\pi F_2 t+0.1\sin 2\pi F_3 t$，其中 $F_1=10\text{Hz}$，$F_2=40\text{Hz}$，$F_3=0\text{Hz}$。试将原信号与经过该滤波器滤波后的输出信号进行比较。

程序如下：

```
%Lab15_4.m
clear all
Fs = 100;
ws = 20 * 2/Fs;
wp = 30 * 2/Fs;
Rp = 1;Rs = 30;Nn = 128;
% -----------------
%图 15 - 27,图 15 - 28
[N,Wn] = buttord(wp,ws,Rp,Rs);
[b,a] = butter(N,Wn,'high');
% ------------------------------------
%图 15 - 29,图 15 - 30
% [N,wc] = cheb1ord(wp,ws,Rp,Rs);
% [b,a] = cheby1(N,Rp,wc);
% ---------------------
%图 15 - 31,图 15 - 32
% [N,wc] = cheb2ord(wp,ws,Rp,Rs);
% [b,a] = cheby2(N,Rs,wc);
% --------------------
%图 15 - 33,图 15 - 34
% [N,wc] = ellipord(wp,ws,Rp,Rs);
% [b,a] = ellip(N,Rp,Rs,wc);
figure(1)
[H,f] = freqz(b,a,Nn,Fs);
subplot(2,1,1),plot(f,abs(H));
subplot(2,1,2),plot(f,180/pi * unwrap(angle(H)))
figure(2)
dt = 1/Fs;
t = 0:dt:0.3;
x = sin(2 * pi * 10 * t) + 0.5 * cos(2 * pi * 40 * t);
subplot(2,2,1),plot(t,x),
y = filtfilt(b,a,x);
subplot(2,2,2),plot(t,y)
T = 1/Fs;
subplot(2,2,3),plot((0:length(x) - 1)/(length(x) * T),abs(fft(x)) * 2/ length(x));
subplot(2,2,4),
Y = fft(y);
plot((0:length(Y) - 1)/(length(Y) * T),abs(Y) * 2/length(Y));
```

程序运行结果如图 15-27～图 15-34 所示。

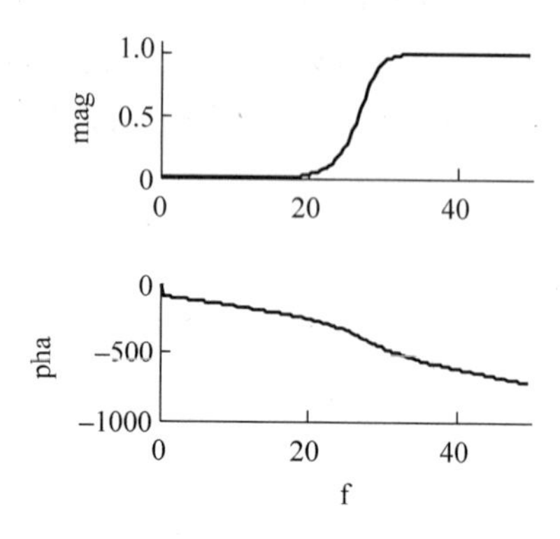

图 15-27　Butterworth 高通数字滤波器的频率响应

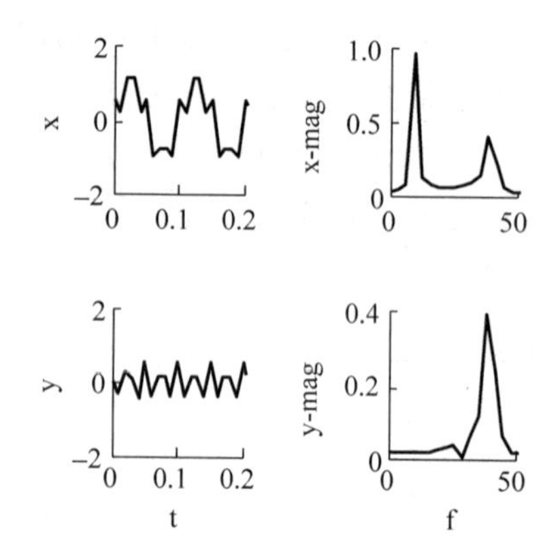

图 15-28　Butterworth 高通数字滤波器的输入和输出

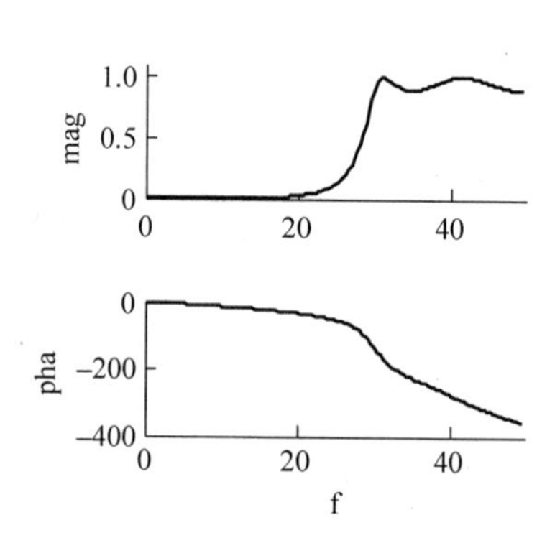

图 15-29　Chebyshev Ⅰ低通数字滤波器的频率响应

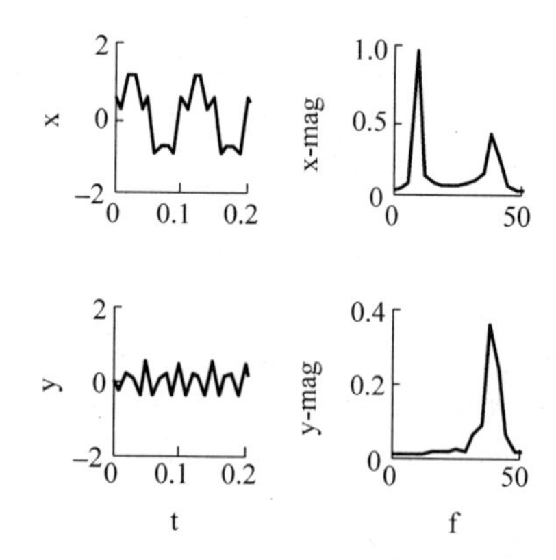

图 15-30　Chebyshev Ⅰ低通数字滤波器的输入和输出

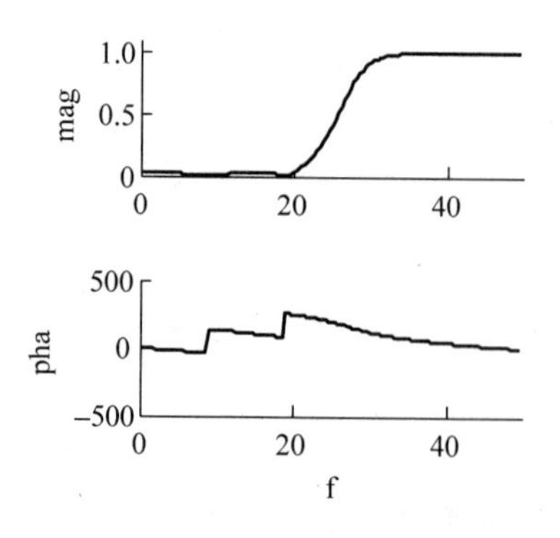

图 15-31　Chebyshev Ⅱ低通数字滤波器的频率响应

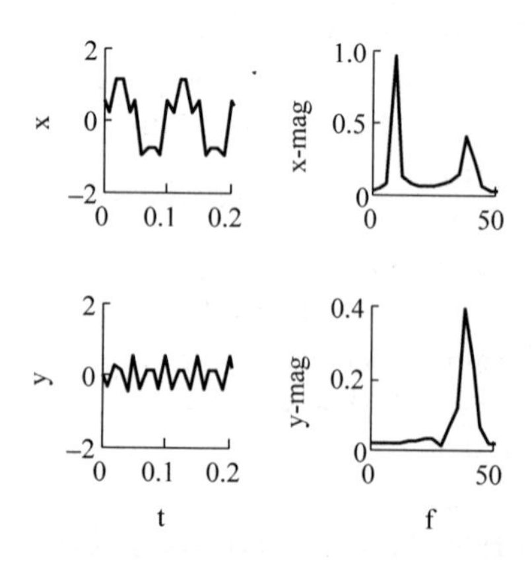

图 15-32　Chebyshev Ⅱ低通数字滤波器的输入和输出

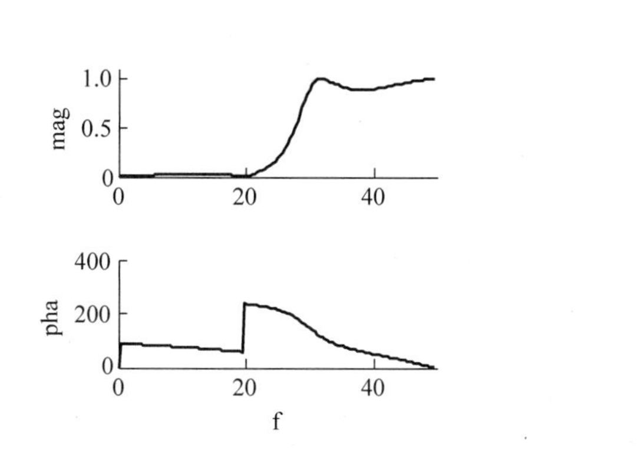

图 15-33　Elliptic 低通数字滤波器的频率响应

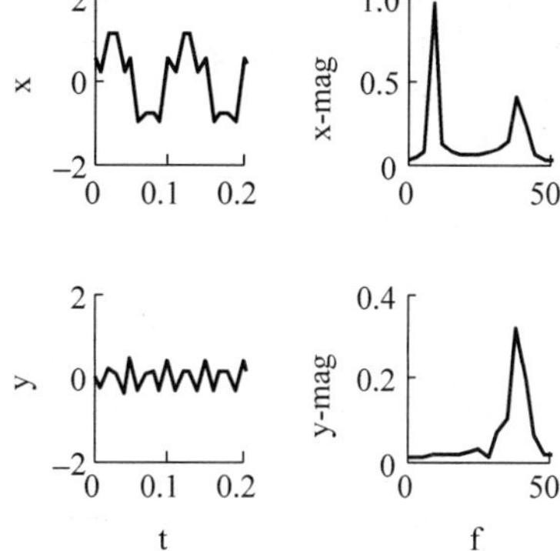

图 15-34　Elliptic 低通数字滤波器的输入和输出

【例 15-5】 采用完全设计函数设计一个带阻型数字滤波器，阻带为 20～30Hz，过渡带宽均为 10Hz，通带波纹小于 1dB，阻带衰减大于 30dB，采样频率 $F_s=100\text{Hz}$。给定信号 $x(t)=\sin 2\pi F_1 t+\cos 2\pi F_2 t+0.2\sin 2\pi F_3 t$，其中 $F_1=8\text{Hz}, F_2=26\text{Hz}, F_3=42\text{Hz}$。试绘制该低通滤波器的频率响应及原信号与通过该滤波器的输出信号。

程序如下：

```
%Lab15_5.m
clear all
Fs = 100;
wp = [20 30] * 2/Fs;
ws = [10 40] * 2/Fs;
Rp = 1;Rs = 30;Nn = 128;
% ------------------
%图 15 - 35,图 15 - 36
[N,Wn] = buttord(wp,ws,Rp,Rs);
% [b,a] = butter(N,Wn);
% --------------------------------------
%图 15 - 37,图 15 - 38
% [N,wc] = cheb1ord(wp,ws,Rp,Rs,'s');
% [b,a] = cheby1(N,Rp,wc);
% ---------------------
%图 15 - 39,图 15 - 40
% [N,wc] = cheb2ord(wp,ws,Rp,Rs,'s');
% [b,a] = cheby2(N,Rs,wc);
% --------------------
%图 15 - 41,图 15 - 42
% [N,wc] = ellipord(wp,ws,Rp,Rs,'s');
% [b,a] = ellip(N,Rp,Rs,wc);
figure(1)
[H,f] = freqz(b,a,Nn,Fs);
subplot(2,1,1),plot(f,abs(H));
subplot(2,1,2),plot(f,180/pi * unwrap(angle(H)))
figure(2)
dt = 1/Fs;
t = 0:dt:0.1;
x = sin(2 * pi * 8 * t) + 0.5 * cos(2 * pi * 26 * t) + 2 * sin(2 * pi * 42 * t);
subplot(2,2,1),plot(t,x),
```

```
y = filtfilt(b,a,x);
subplot(2,2,2),plot(t,y)
ylim([ - 0.2 0.3])
T = 1/Fs;
subplot(2,2,3),plot((0:length(x) - 1)/(length(x) * T),abs(fft(x)) * 2/ length(x));
subplot(2,2,4),
Y = fft(y);
plot((0:length(Y) - 1)/(length(Y) * T),abs(Y) * 2/length(Y));
```

程序运行结果如图 15-35～图 15-42 所示。

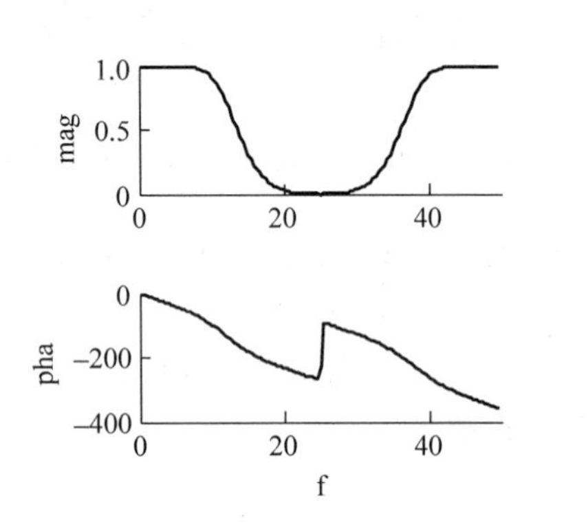

图 15-35　Butterworth 带阻数字滤波器的频率响应

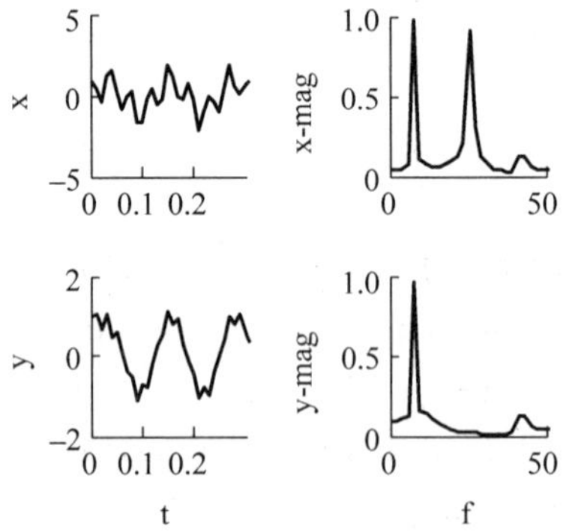

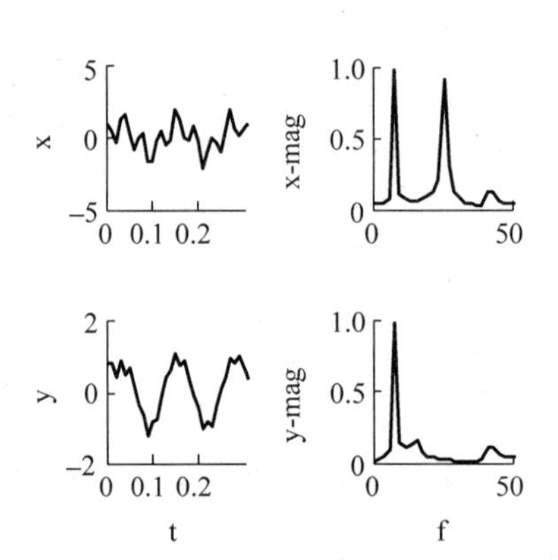

图 15-36　Butterworth 带阻数字滤波器的输入和输出

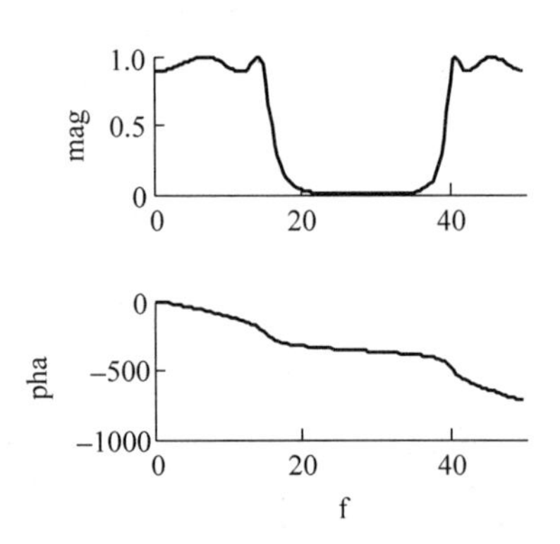

图 15-37　Chebyshev Ⅰ 带阻数字滤波器的频率响应

图 15-38　Chebyshev Ⅰ 带阻数字滤波器的输入和输出

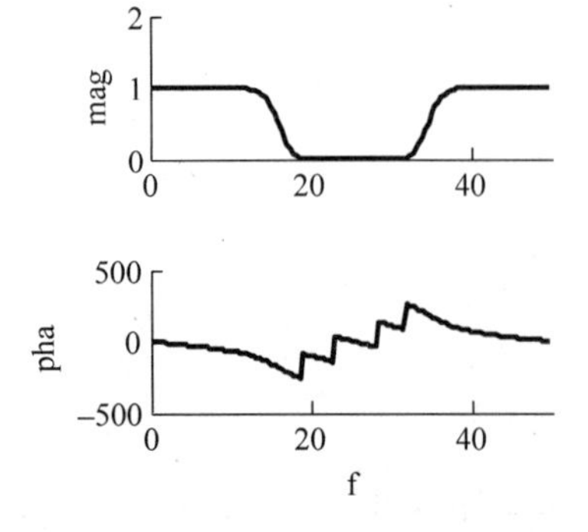

图 15-39　Chebyshev Ⅱ 带阻数字滤波器的频率响应

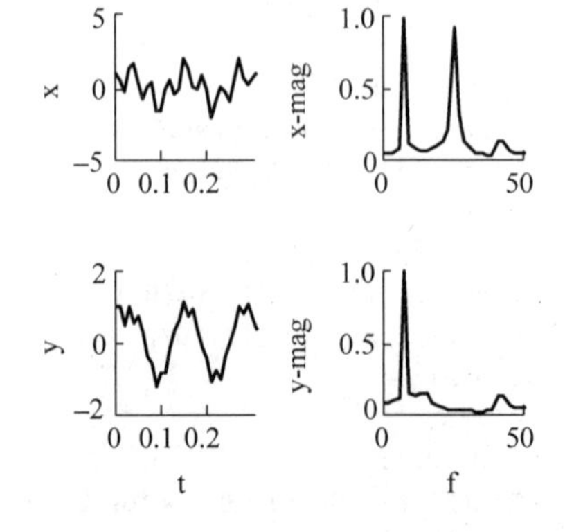

图 15-40　Chebyshev Ⅱ 带阻数字滤波器的输入和输出

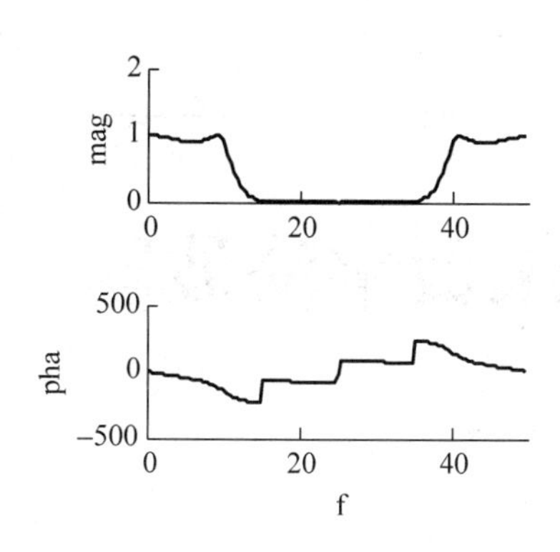

图 15-41　Elliptic 带阻数字滤波器的频率响应

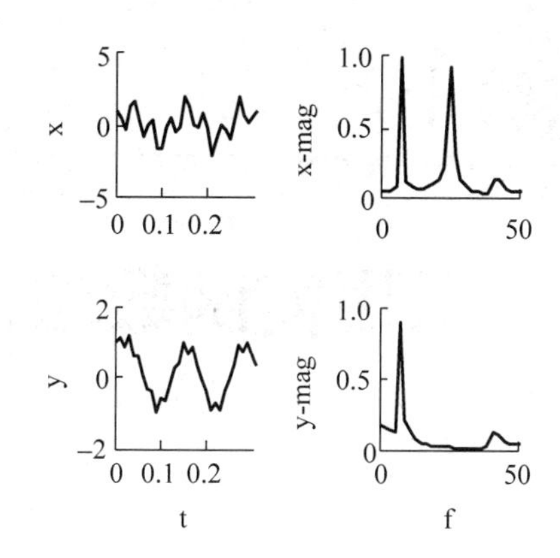

图 15-42　Elliptic 带阻数字滤波器的输入和输出

三、实验内容

分别设计一个 Butterworth、Chebyshev Ⅰ、Chebyshev Ⅱ、Elliptic 及 Bessel 高通椭圆滤波器，设计性能指标为：通带边界频率 $\omega_p=1500\text{Hz}$，阻带边界频率 $\omega_s=1000\text{Hz}$，通带波纹 $R_p=1\text{dB}$，阻带衰减 $R_s=30\text{dB}$。给定信号 $x(t)=\sin 2\pi F_1 t+0.5\cos 2\pi F_2 t$，其中 $F_1=400\text{Hz}$，$F_2=1600\text{Hz}$。信号的采样频率为 10 000Hz。试将原信号与滤波后的信号在时间域和频率域进行比较。

四、实验预习

认真阅读实验原理，预先编写实验程序。

五、实验报告

打印实验程序及程序运行的结果图件。

实验十六

采用窗函数法设计FIR数字滤波器

一、实验目的

(1) 掌握窗函数法设计 FIR 滤波器的基本原理；

(2) 掌握设计 FIR 数字滤波器的基本步骤；

(3) 掌握利用窗函数法设计 FIR 滤波器的常用 MATLAB 函数。

二、实验原理

1. FIR 滤波器的传递函数

FIR 滤波器的传递函数为

$$H(z)=\frac{Y(z)}{X(z)}=\sum_{n=0}^{N-1}h(n)z^{-n} \tag{16-1}$$

2. 离散 LTI 系统的差分方程

离散 LTI 系统的差分方程如下：

IIR：

$$\sum_{k=0}^{N}a(k)y(n-k)=\sum_{r=0}^{M}b(r)x(n-r) \tag{16-2}$$

或

$$y(n)=\sum_{k=1}^{N}a(k)y(n-k)+\sum_{r=0}^{M}b(r)x(n-r) \tag*{(16-2)$'$}$$

FIR：

$$\begin{aligned}y(n)&=b(0)x(n)+b(1)x(n-1)+\cdots+b(N-1)x(n-N+1)\\&=\sum_{m=0}^{N-1}b(m)x(n-m)=b(n)\otimes x(n)\end{aligned} \tag{16-3}$$

从式(16-3)可以看出，FIR 滤波器的 $a(0)=1,a(k)=0$。极点全部集中在原点，因此 FIR 滤波器具有稳定性和线性相位特性，也具有更广泛的实际应用。

3. 用窗函数法设计 FIR 滤波器的基本步骤

(1) 根据过渡带宽和阻带衰减选择窗函数的类型,并估计滤波器的阶数;

(2) 对滤波器理想频域幅值响应进行傅里叶逆变换获得理想滤波器的单位脉冲响应 $hd(n)$;

(3) 求实际滤波器的单位脉冲响应 $h(n)$: 根据公式 $h(n)=hd(n)\times w(n)$;

(4) 检验滤波器的性能。

MATLAB 提供了经典窗函数法设计 FIR 滤波器的函数 fir1,该函数的调用格式为

```
b = fir1(n,wn[,'ftype',window])
```

其中,n 为 FIR 滤波器的阶数,对于高通、带阻滤波器,n 需取偶数。wn 为滤波器截止频率,范围为 0~1(归一化频率)。对于带通、带阻滤波器,wn={w1,w2}(w1<w2);对于多带滤波器,如 wn={w1,w2,w3,w4},频率分段为:0<w<w1,w1<w<w2,w2<w<w3,…。'ftype'为滤波器的类型:默认时为低通或带通滤波器;'high'为高通滤波器;'stop'为带阻滤波器;'DC-1'为第一频带为通带的多带滤波器;'DC-0'为第一频带为阻带的多带滤波器。'window'为窗函数列向量,其长度为 n+1,默认时,自动取 Hamming 窗。MATLAB 提供的窗函数有 boxcar,hanning,hamming,bartlett,blackman,kaiser,chebwin。

4. 不同类型窗函数的第一旁瓣相对主瓣的衰减

各种窗函数的特点如表 16-1 所示。

表 16-1　各种窗函数的特点

名　称	主　瓣　宽	第一旁瓣相对主瓣衰减/dB
矩形窗	$\frac{4\pi}{N}$	−13
Hanning 窗	$\frac{8\pi}{N}$	−31
Hamming 窗	$\frac{8\pi}{N}$	−41
Bartlett 窗	$\frac{8\pi}{N}$	−25
Blackman 窗	$\frac{12\pi}{N}$	−57
三角窗	$\frac{8\pi}{N}$	−25
Kaiser 窗	可调整	可调整
Chebyshev 窗	可调整	可调整

5. 不同类型窗函数对应的 MATLAB 函数

1) 矩形窗

前面分析中所用的矩形窗可用下面函数来实现:w=boxcar(N),其中 N 为窗的长度(以下函数与此同),w 为返回的窗函数序列。

2) Hanning 窗

表达式为

$$w(k)=0.5\left[1-\cos\left(2\pi\frac{k}{N+1}\right)\right],\quad k=1,2,\cdots,N \tag{16-4}$$

函数:w=hanning(N)

3）Hamming 窗

表达式为

$$w(k)=0.54-0.46\cos\left(2\pi\frac{k}{N-1}\right),\quad k=1,2,\cdots,N-1 \tag{16-5}$$

函数：w=hamming(N)

4）Bartlett 窗

当 N 为奇数时，

$$w(k)=\begin{cases}\dfrac{2(k-1)}{N-1}, & 1\leqslant k\leqslant\dfrac{N+1}{2}\\ 2-\dfrac{2(k-1)}{N-1}, & \dfrac{N+1}{2}\leqslant k\leqslant N\end{cases} \tag{16-6}$$

当 N 为偶数时，

$$w(k)=\begin{cases}\dfrac{2(k-1)}{N-1}, & 1\leqslant k\leqslant\dfrac{N}{2}\\ 2-\dfrac{2(N-k)}{N-1}, & \dfrac{N}{2}+1\leqslant k\leqslant N\end{cases} \tag{16-7}$$

函数：w=bartlett(N)

5）Blackman 窗

表达式为

$$w(k)=0.42-0.5\cos\left(2\pi\frac{k-1}{N-1}\right)+0.08\left(4\pi\frac{k-1}{N-1}\right),\quad k=1,2,\cdots,N \tag{16-8}$$

函数：w=blackman(N)

Blackman 窗与其他相同尺寸窗（Hamming 窗、Hanning 窗等）相比，具有主瓣较宽和旁瓣泄漏较小的特点。

6）三角窗

当 N 为奇数时，

$$w(k)=\begin{cases}\dfrac{2k}{N+1}, & 1\leqslant k\leqslant\dfrac{N+1}{2}\\ \dfrac{2(N-k+1)}{N+1}, & \dfrac{N+1}{2}\leqslant k\leqslant N\end{cases} \tag{16-9}$$

当 N 为偶数时，

$$w(k)=\begin{cases}\dfrac{2k-1}{N-1}, & 1\leqslant k\leqslant\dfrac{N}{2}\\ 2-\dfrac{2(N-k+1)}{N}, & \dfrac{N}{2}+1\leqslant k\leqslant N\end{cases} \tag{16-10}$$

函数：w=triang(N)

7）Kaiser 窗

表达式为

$$w(k)=\frac{I_0\left[\beta\sqrt{1-\left(1-\dfrac{2k}{N-1}\right)^2}\right]}{I_0[\beta]},\quad 0\leqslant k\leqslant N-1 \tag{16-11}$$

式中，β 为 Kaiser 窗参数，影响窗旁瓣幅值的衰减率；$I_0[\cdot]$为修正过的零阶 Bessel 函数。

Kaiser 窗用于滤波器设计时，由阻带衰减 R_S(dB)，可得

$$\beta=\begin{cases}0.1102(R_S-8.7), & R_S\geqslant 50\\ 0.5842(R_S-21)^{0.4}+0.07886(R_S-21), & 50>R_S>21\\ 0, & R_S\leqslant 21\end{cases} \tag{16-12}$$

函数：w=kaiser(M,beta)

8) Chebyshev 窗

函数：w=chebwin(n,r)

其中 r 为窗口的旁瓣幅值在主瓣以下的分贝数。

Chebyshev 窗具有主瓣宽度最小，而旁瓣等高、高度可调整的特点。

【例 16-1】 设计低通（通带归一化边界频率 0.5，阻带归一化边界频率 0.66）、带通（通带归一化边界频率 0.4～0.6，阻带归一化边界频率 0.3～0.7）、高通（通带归一化边界频率 0.66，阻带归一化边界频率 0.5）、带阻（通带归一化边界频率 0.3～0.7，阻带归一化边界频率 0.4～0.6）四种类型的汉宁窗 FIR 滤波器。

程序如下：

```
% Lab16_1.m
% --------- LP ---------------
Fs = 50;
wp = 0.5 * pi;ws = 0.66 * pi;
wdelta = ws - wp;
N0 = ceil(8 *  pi/wdelta);
N = N0 + mod(N0 + 1,2);
Wn = (0.5 + 0.66) * pi/2;
b = fir1(N - 1,Wn/pi,hanning(N));
% ----------- BP ---------------
% wp = [0.4 0.6] * pi;ws = [0.3 0.7] * pi;
% wdelta = 0.1 * pi;
% N0 = ceil(8 *  pi/wdelta);
% N = N0 + mod(N0 + 1,2);
% Wn = (wp + ws)/2;
% b = fir1(N - 1,Wn/pi,hanning(N));
% ----------- BS -------------------
% ws = [0.4 0.6] * pi;wp = [0.3 0.7] * pi;
% wdelta = 0.1 * pi;
% N0 = ceil(8 *  pi/wdelta);
% N = N0 + mod(N0 + 1,2);
% Wn = (wp + ws)/2;
% b = fir1(N - 1,Wn/pi,'stop',hanning(N));
% ------------ HP --------------------
% ws = 0.5 * pi;wp = 0.66 * pi;
% wdelta = wp - ws;
% Wn = (0.5 + 0.66) * pi/2;

% N0 = ceil(8 *  pi/wdelta);
% N = N0 + mod(N0 + 1,2);
```

```
%b = fir1(N-1,Wn/pi,'high',hanning(N));

%N0 = ceil(12* pi/wdelta);
%N = N0 + mod(N0 + 1,2);
%b = fir1(N-1,Wn/pi,'high',blackman(N));

%N0 = ceil(8* pi/wdelta);
%N = N0 + mod(N0 + 1,2);
%b = fir1(N-1,Wn/pi,'high',triang(N));

%N0 = ceil(8* pi/wdelta);
%N = N0 + mod(N0 + 1,2);
%b = fir1(N-1,Wn/pi,'high');
%--------------------------
[H,f] = freqz(b,1,512,Fs);
subplot(2,1,1),plot(f,20*log10(abs(H)))
subplot(2,1,2),plot(f,180/pi*unwrap(angle(H)))

figure(2)
T = 1/Fs;
f1 = 5;f2 = 20;
NN = 100;
n = 0:NN-1;t = n*T;
x = sin(2*pi*f1*t) + 0.5*cos(2*pi*f2*t);
subplot(2,2,1),plot(t,x),
%y = filter(b,1,x);
y = fftfilt(b,x);
subplot(2,2,2),plot(t,y);
subplot(2,2,3),plot((0:length(x) - 1)/(length(x)*T),abs(fft(x))*2/ length(x));
subplot(2,2,4),
Y = fft(y);
plot((0:length(Y) - 1)/(length(Y)*T),abs(Y)*2/length(Y));
```

程序运行结果如图 16-1～图 16-8 所示。

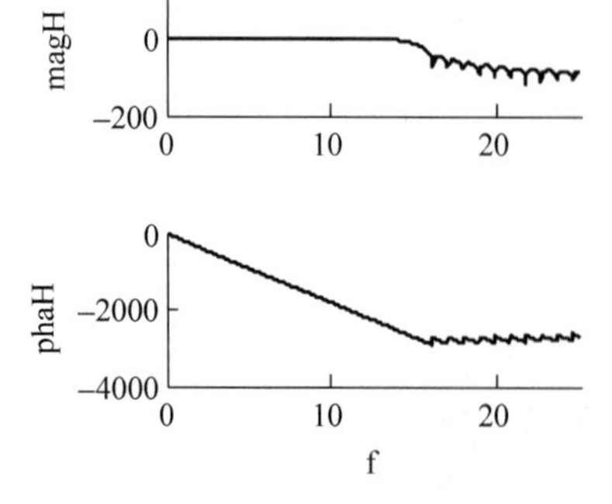

图 16-1　低通 FIR 滤波器的频率响应

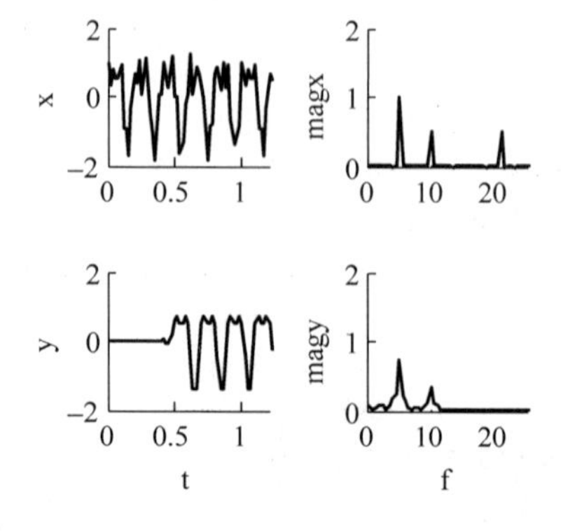

图 16-2　低通 FIR 滤波器的输入和输出

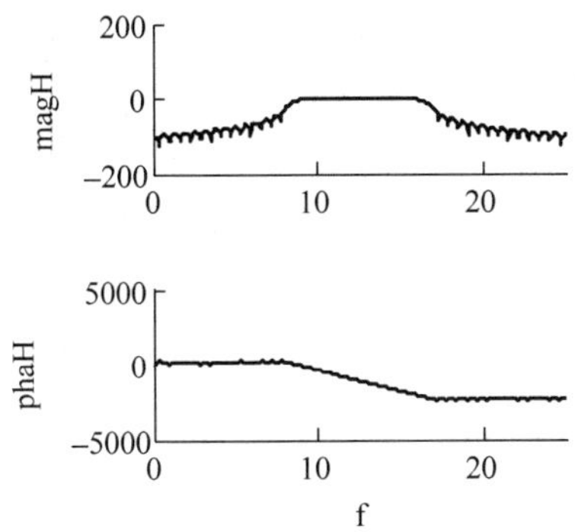

图 16-3　带通 FIR 滤波器的频率响应

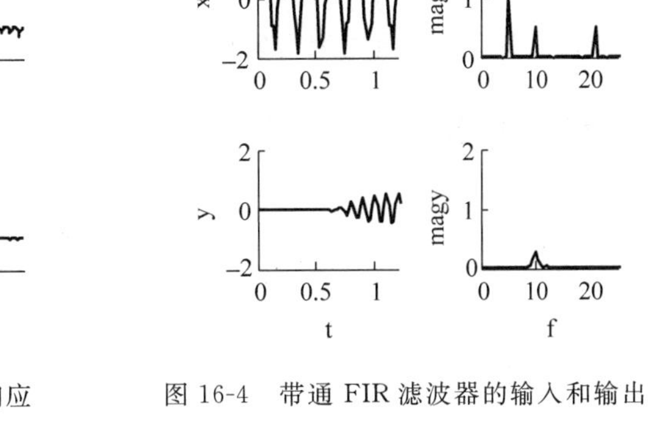

图 16-4　带通 FIR 滤波器的输入和输出

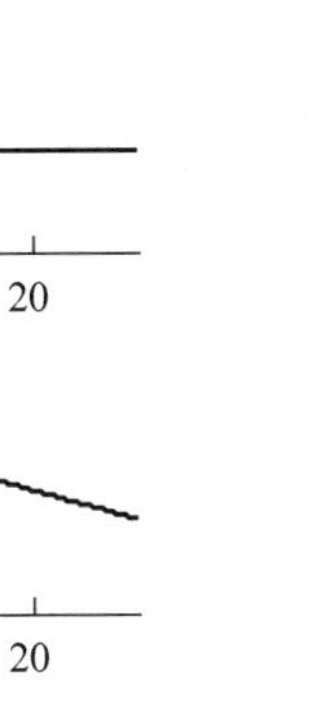

图 16-5　带阻 FIR 滤波器的频率响应

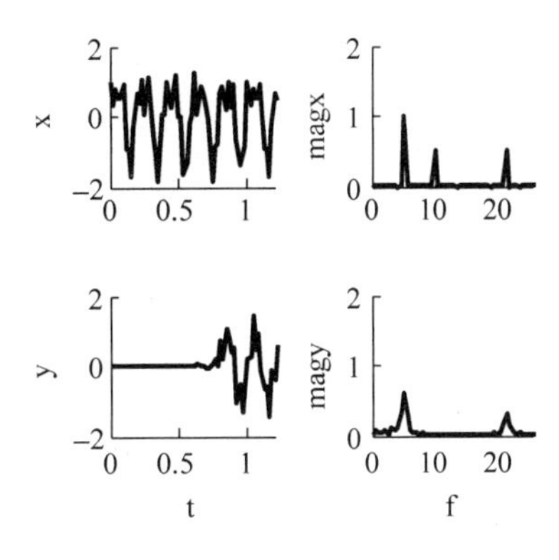

图 16-6　带阻 FIR 滤波器的输入和输出

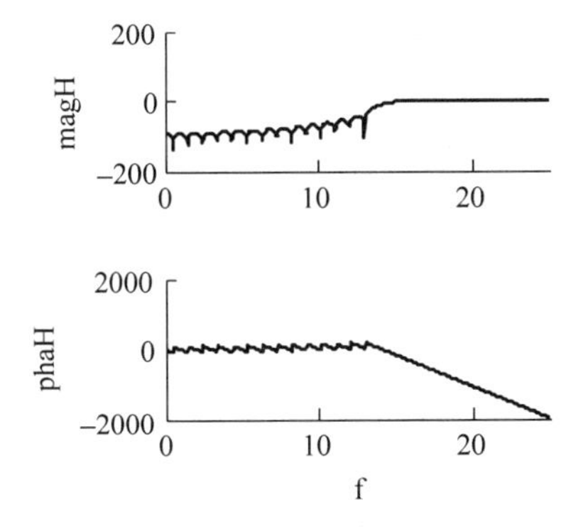

图 16-7　高通 FIR 滤波器的频率响应

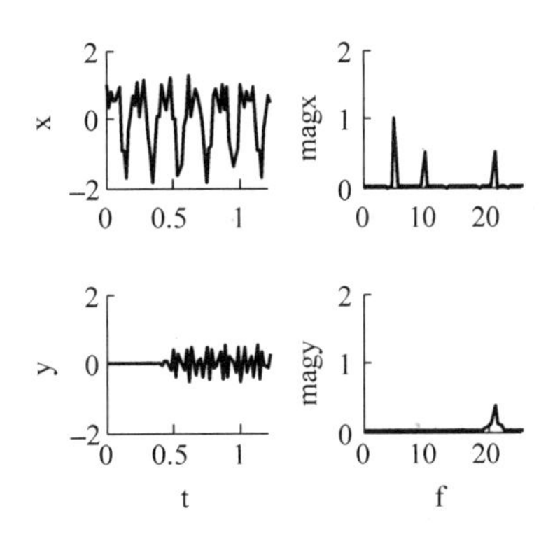

图 16-8　高通 FIR 滤波器的输入和输出

三、实验内容

选择合适的窗函数设计 FIR 滤波器，技术指标：通带边界 $\omega_p=0.2\pi$，阻带边界 $\omega_s=0.3\pi$，通带波纹 1dB，阻带衰减 40dB。画出滤波器的幅频曲线和相频曲线；对该滤波器进行测试，分别绘制滤波前后信号的时域波形和振幅谱。

四、实验预习

认真阅读实验原理,预先编写实验程序。

五、实验报告

打印实验图形和程序。

第二部分

开放实验

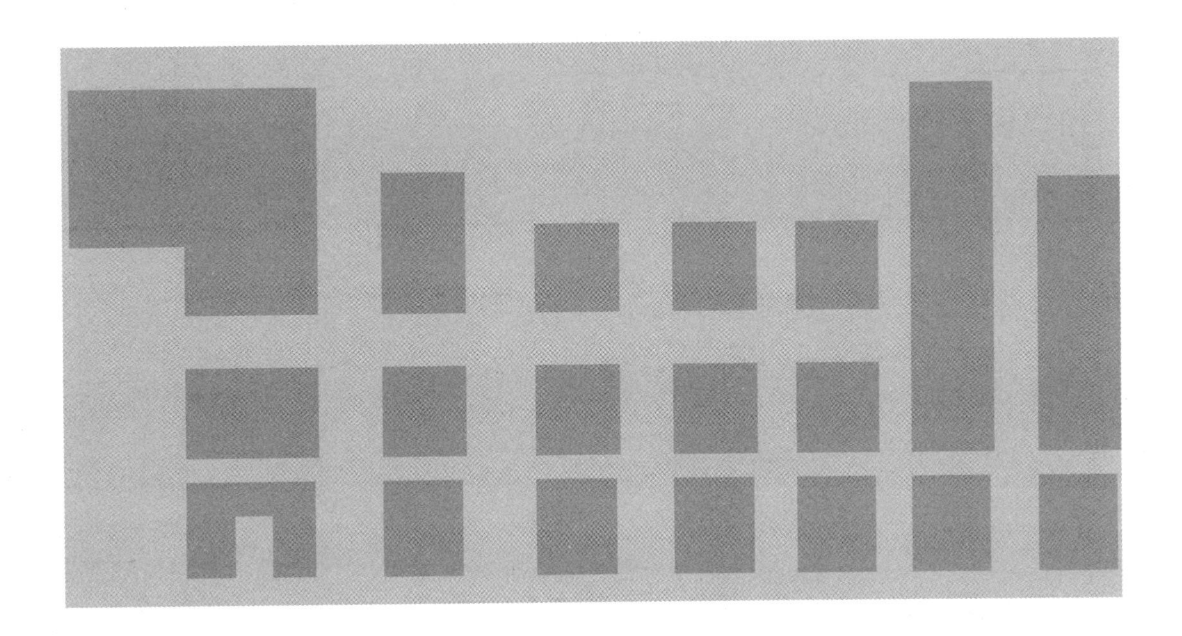

实验十七

数字滤波器在地震数据处理中的应用

一、实验目的

(1) 熟练采用 FFT 对实测地震信号进行频谱分析；
(2) 熟练设计 FIR 数字滤波器提取噪声中的信号；
(3) 熟练设计 IIR 数字滤波器提取噪声中的信号。

二、实验原理

关于数字滤波器的原理见实验十五和实验十六，本次实验主要对实测数据进行处理。

【例 17-1】 设计 FIR 滤波器，对实测地震波(长春地震台的数据)进行分频显示。

程序如下：

```
% Lab17_1.m
clear all;
close all;
load ChangChun.txt
x = ChangChun;
dt = 0.02;   t = [0:length(x) - 1] * dt;
%%
figure(1)
subplot (2,1,1), plot (t,x),
subplot(212),plot(((0:length(x) - 1)/(length(x) * dt)),2 * abs(fft(x))/length(x));
xlim([0 25]);
ylim([0 130])
%%
% LP
n = 320;
f = [0 0.01 0.015 1];
```

```
a = [1 1 0 0];
weit = [1 10];
b = firls(n,f,a,weit);
%%
% BP
% n = 100;
%    f = [0 0.032 0.2 1];
%    f = [0 0.1 0.3 1];
% f = [0 0.2 0.4 1];
% f = [0 0.3 0.5 1];
% f = [0 0.5 0.7 1];
% f = [0 0.7 0.9 1];
% a = [0 1 1 0];
%%
% HP
% n = 100;
% f = [0 0.7 0.9 1];
% a = [0 0 1 1];
% weit = [1 10];
% b = firls(n,f,a,weit);
%%
figure(2)
[H,f] = freqz(b,1,512,50);
subplot(2,1,1),plot(f,abs(H));
subplot(2,1,2),plot(f,180/pi * unwrap(angle(H)))
figure(3)
y = filtfilt(b,1,x);
subplot (2,1,1),plot (t,y)
subplot(2,1,2), plot(((0:length(y) - 1)/(length(y) * dt)),2 * abs(fft(y))/length(y));
xlim([0 25]);
```

程序运行结果如图 17-1～图 17-7 所示。

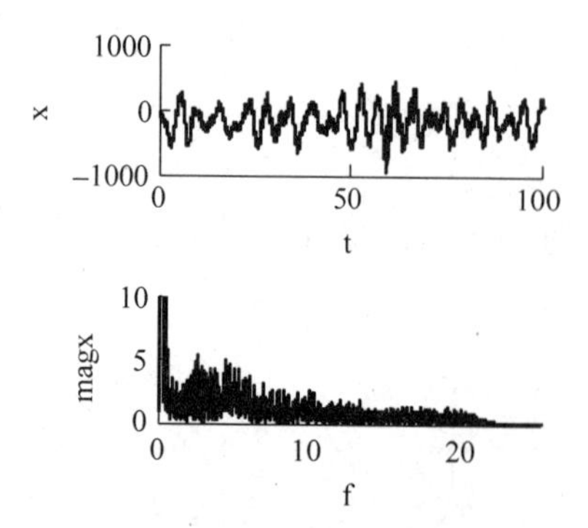

图 17-1　原始信号的时域波形及振幅谱

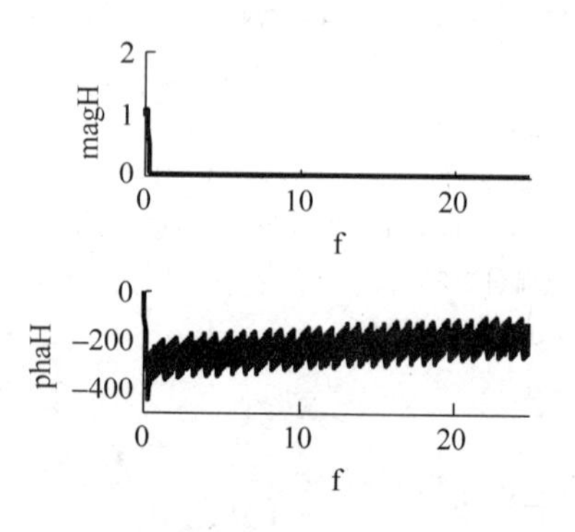

图 17-2　低通 FIR 滤波器的频率响应

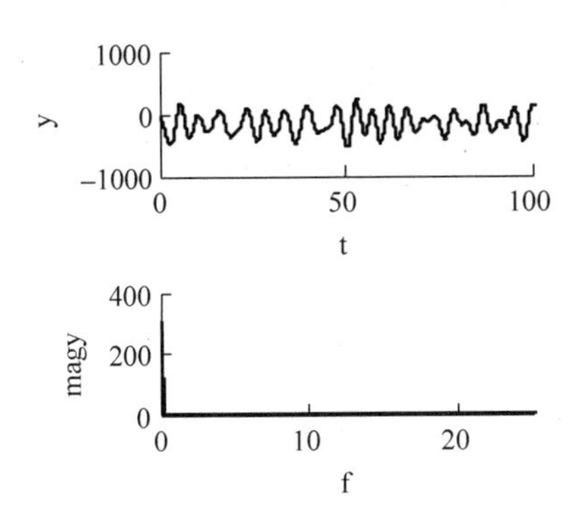

图 17-3　低通 FIR 滤波器的输出波形及频谱

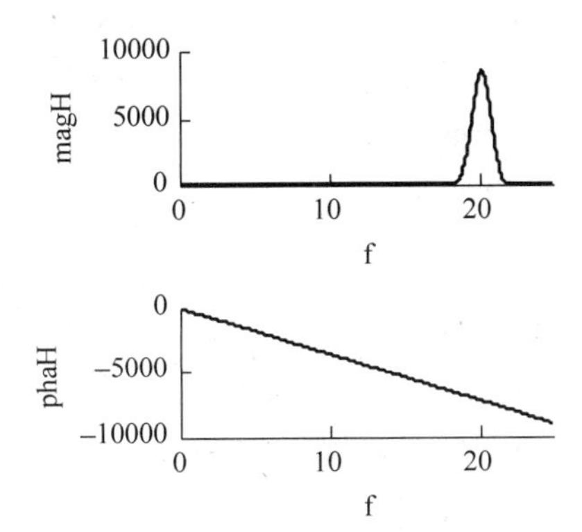

图 17-4　带通 FIR 滤波器的频率响应

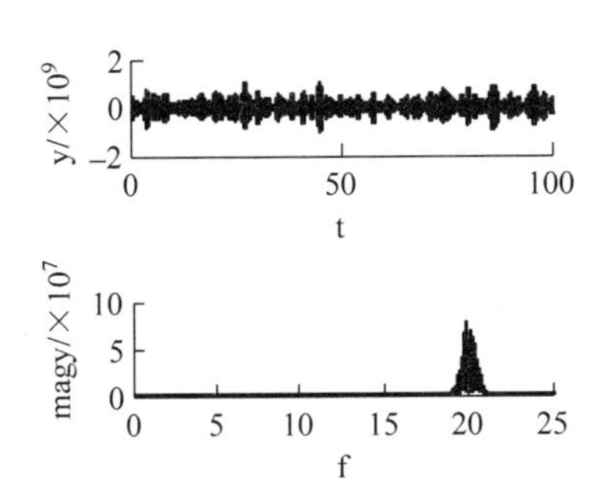

图 17-5　带通 FIR 滤波器的输出波形和频谱

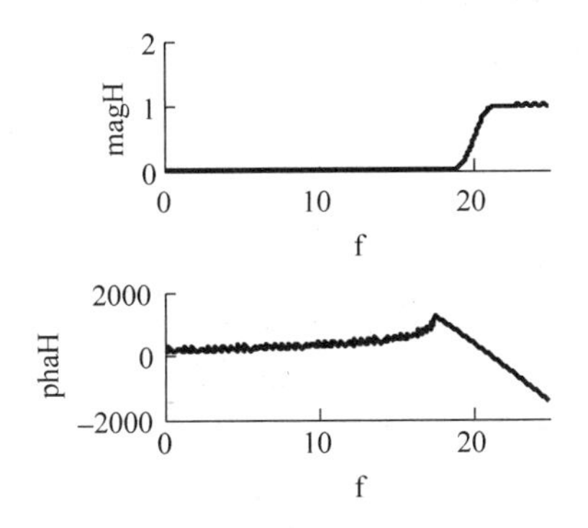

图 17-6　高通 FIR 滤波器的频率响应

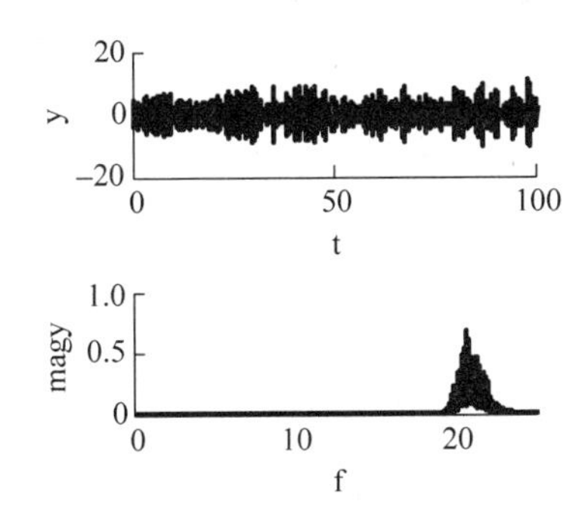

图 17-7　高通 FIR 滤波器的输出波形和频谱

【例 17-2】 采用 Butterworth 型 IIR 带通数字滤波器处理例 17-1 中的数据。

程序如下：

```
%Lab17_2.m
clear all
Fs = 50;
% ------------------------------------------------
load ChangChun.txt
x = ChangChun;
```

```
dt = 1/Fs;
n = 1:length(x);
Nn = length(x);
t = n/Fs;
%%
figure(1);
figure(1)
subplot (2,1,1), plot (t,x),
subplot(212),plot(((0:length(x) - 1)/(length(x) * dt)),2 * abs(fft(x))/length(x));
xlim([0 25]);
%%
wp = [3 5] * 2/Fs;
ws = [1 7] * 2/Fs;
Rp = 1;Rs = 30;Nn = 128;
%%
[N,Wn] = buttord(wp,ws,Rp,Rs);
 [b,a] = butter(N,Wn);
%%
% [N,wc] = cheb1ord(wp,ws,Rp,Rs);
% [b,a] = cheby1(N,Rp,wc);
%%
% [N,wc] = cheb2ord(wp,ws,Rp,Rs);
% [b,a] = cheby2(N,Rs,wc);
%%
% [N,wc] = ellipord(wp,ws,Rp,Rs);
% [b,a] = ellip(N,Rp,Rs,wc);
%%
figure(1)
[H,f] = freqz(b,a,Nn,Fs);
subplot(2,1,1),plot(f,abs(H));
grid on;
subplot(2,1,2),plot(f,180/pi * unwrap(angle(H)))
grid on;
figure(2)
[H,f] = freqz(b,a,512,50);
subplot(2,1,1),plot(f,abs(H));
subplot(2,1,2),plot(f,180/pi * unwrap(angle(H)))
figure(3)
y = filtfilt(b,a,x);
subplot (2,1,1),plot (t,y)
subplot(2,1,2), plot(((0:length(y) - 1)/(length(y) * dt)),2 * abs(fft(y))/length(y));
xlim([0 25]);
```

程序运行结果如图 17-8 及图 17-9 所示。

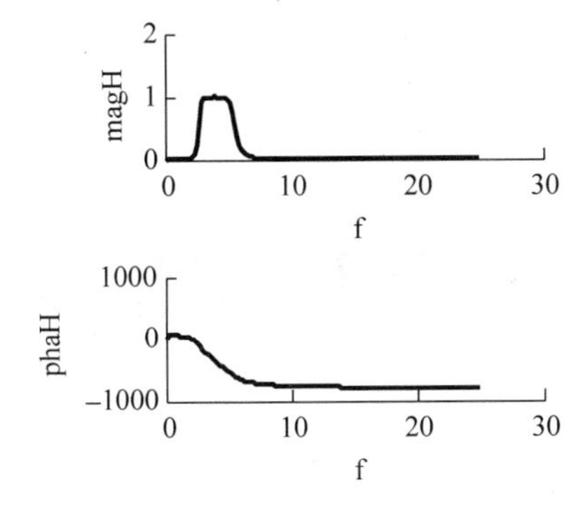

图 17-8　Butterworth 带通 IIR 滤波器的频率响应

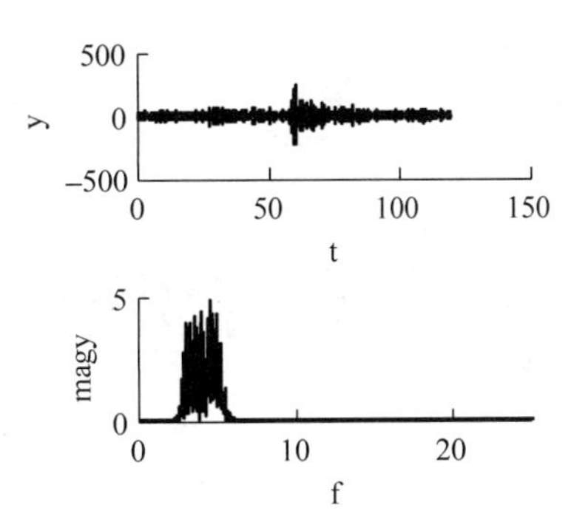

图 17-9　Butterworth 带通 IIR 滤波器的输出波形及频谱

三、实验内容

(1) 设计带通 FIR 滤波器对数据 grbx3. txt 进行分析。

(2) 设计带通 IIR 滤波器对数据 grbx3. txt 进行分析。

四、实验预习

认真阅读实验原理，预先编写实验程序。

五、实验报告

打印实验程序及程序结果。

实验十八

快速傅里叶变换基本原理及应用

一、实验目的

(1) 通过小组协作学习 FFT 方法原理，达到提高自主学习能力的目的；

(2) 小组查阅资料，了解形变数据的测量原理，数据的物理意义；

(3) 采用 FFT 法对形变数据进行分析。

二、实验原理

(1) 序列 x_n 的傅里叶变换 X_m(DFT 及 IDFT)，见式(18-1)。

$$
\begin{aligned}
X_m &= \sum_{n=0}^{N-1} x_n \mathrm{e}^{-\mathrm{j}nm}\frac{2\pi}{N} \\
x_n &= \frac{1}{N}\sum_{n=0}^{N-1} X_m \mathrm{e}^{\mathrm{j}nm\frac{2\pi}{N}} \\
f_m &= \frac{m}{N\Delta}, \quad m,n = 0,1,2,\cdots,N-1
\end{aligned}
\tag{18-1}
$$

(2) 快速傅里叶变换(fast Fourier transform，FFT)是 DFT 的快速算法。

(3) 库利-图基时域分解 FFT 算法的基本原理：在时间域，把一个有 N 项的离散信号按偶奇序号分解为两个有 $N/2$ 项的离散信号。

特点：由一半数据的偶项和奇项频谱计算整体数据的频谱。

(4) 库利-图基频域分解 FFT 算法的基本原理：在频率域，把一个有 N 项的离散频谱按偶奇序号分解为两个有 $N/2$ 项的离散频谱。

三、采用 FFT 对蓟县台 2006 年 1 月份形变数据进行分析

实验数据及程序如下：

```
% Lab18_1.m
```

```
clear all;close all
%2006年1月份蓟县台的地倾斜数据:
% --------------一月---------
load c8171101.06;load c8171102.06;load c8171103.06;load c8171104.06;load c8171105.06;load c8171106.06;load c8171107.06
load c8171108.06;load c8171109.06;load c8171110.06;load c8171111.06;load c8171112.06;load c8171113.06;load c8171114.06
load c8171115.06;load c8171116.06;load c8171117.06;load c8171118.06;load c8171119.06;load c8171120.06;load c8171121.06
load c8171122.06;load c8171123.06;load c8171124.06;load c8171125.06;load c8171126.06;load c8171127.06;load c8171128.06
load c8171129.06;load c8171130.06;load c8171131.06;   %加载2006年1月31天的伸缩仪记录
ssns = [ c8171101; c8171102; c8171103; c8171104; c8171105; c8171106; c8171107; c8171108; c8171109;c8171110;...
c8171111; c8171112; c8171113; c8171114; c8171115; c8171116; c8171117; c8171118; c8171119;c8171120;...
c8171121; c8171122; c8171123; c8171124; c8171125; c8171126; c8171127; c8171128; c8171129; c8171130;c8171131];
%%
[m,n] = size(ssns);
N = m * n;
ssns = reshape(ssns',N,1);
[mi,ni] = find(ssns == 999999);                %找到由于观测原因没有记录的数据的序号
[m,n] = find(ssns~ = 999999);                  %找到所有有观测记录的数据序号
yi = interp1(m,ssns(m),mi,'spline');
ssns(mi) = yi;                                 %将内插计算值赋给原序列的对应序号
ssy = ssns/10;                                 %将数据转换为与理论计算值一样的单位
%%
dt = 1;                                        %采样间隔为分钟
x = ssy;
N = length(x);t = [0:N - 1] * dt;
%%
figure(1)
subplot(211),
plot(t/(24 * 60),x,'k','linewidth',2.2);
xlabel('t','fontsize',14);
ylabel('x','fontsize',14);
xlim([0 31])
box off;
%%
x = detrend(x);
y = fft(x);
f = [0:N - 1]/(N * dt);
magx = abs(y) * 2/N;
subplot(212),
plot(f,magx,'k','linewidth',2.2);
xlabel('f','fontsize',14);
ylabel('magx','fontsize',14);
box off;
xlim([0 1/(4 * 60)]);
```

程序运行结果如图 18-1 所示。

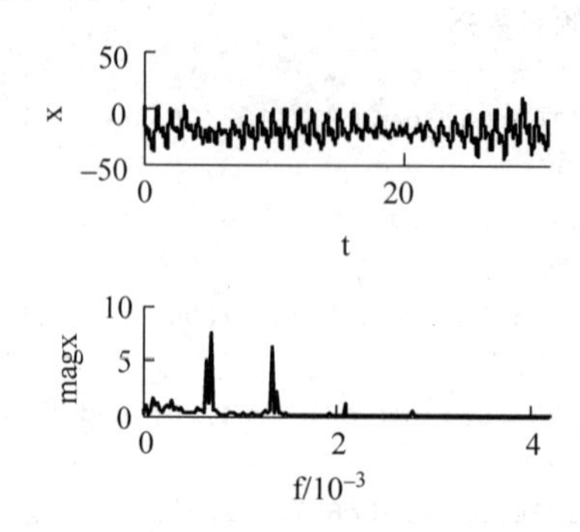

图 18-1　蓟县台 2006 年 1 月份原始数据及振幅谱

由图 18-1 可以清晰地看出，该形变观测数据明显含有日潮、半日潮、三分之一潮的信息。

实验十九

时频分析基本原理及MATLAB仿真

一、实验目的

(1) 通过学习不同时频分析方法的原理，达到提高学生自主学习能力的目的；

(2) 通过设计理论信号对时频分析程序进行测试，保证程序计算结果正确。

二、实验原理

随机信号分为平稳随机信号和非平稳随机信号，非平稳随机信号是指分布参数或分布规律随时间发生变化的信号，其分析方法一般分为三种：时域分析、频域分析和时频联合分析。

时频分析(joint time-frequency analysis，JTFA)方法一般分为线性和非线性两大类。常用的线性时频分析方法有短时傅里叶变换(STFT)、Gabor 展开、小波变换(WT)、S 变换及广义 S 变换等；非线性时频分析方法有 Winger-Ville 分布、Cohen 类时频分布和 Affine 类时频分布等。

1. 短时傅里叶变换

短时傅里叶变换的基本思想是把信号分成小段，对每个小段用傅里叶变换进行分析，来确定每个小段信号存在的频率。

非平稳信号 $x(n)$ 的短时傅里叶变换可以表示为

$$X_{\mathrm{STFT}}(n,\omega)=\sum_{m}x_{n}(m)\mathrm{e}^{-\mathrm{j}m\omega}=\sum_{m}x(m)w(n-m)\mathrm{e}^{-\mathrm{j}m\omega} \tag{19-1}$$

它给出了信号在 n 附近的一段时间内的时频信息。

2. Gabor 变换

1) 连续 Gabor 变换

设 $f(t)$ 为一高斯函数，且 $f\in L^{2}(\mathbb{R})$，则连续 Gabor 变换定义为

$$G_f(a,b,w)=\int_{-\infty}^{+\infty}f(t)g_a^*(t-b)\mathrm{e}^{-\mathrm{j}\omega t}\mathrm{d}t \tag{19-2}$$

$$g_a(t-b)=\frac{1}{2\sqrt{\pi a}}\exp\left(-\frac{t^2}{4a}\right) \tag{19-3}$$

信号的重构式子为

$$f(t)=\int_{-\infty}^{+\infty}\int_{-\infty}^{+\infty}G_f(a,b,w)g_a(t-b)\mathrm{e}^{\mathrm{j}\omega t}\mathrm{d}\omega\mathrm{d}b \tag{19-4}$$

2）离散 Gabor 变换

离散 Gabor 展开为

$$x_k=\sum_{m=0}^{M-1}\sum_{n=0}^{N-1}a_{mn}g(k-m\Delta_M)\mathrm{e}^{\mathrm{j}2\pi nk\Delta_N} \tag{19-5}$$

$$a_{mn}=\sum_{k=0}^{L-1}x_k\gamma^*(k-m\Delta_M)\mathrm{e}^{-\mathrm{j}2\pi nk\Delta_N} \tag{19-6}$$

式中 Δ_M 和 Δ_N 分别表示时间和频率的采样间隔，M 和 N 分别表示时间和频率采样的样本个数。

过采样率定义为

$$\alpha=\frac{L}{\Delta_M\Delta_N} \tag{19-7}$$

并要求 $M\Delta_M=N\Delta_N=L$，将这一关系代入上式可得

$$\alpha=\frac{MN}{L} \tag{19-8}$$

当 $\alpha=1$ 时，离散 Gabor 变换是临界采样的；当 $\alpha>1$ 时，则离散 Gabor 变换是过采样的。

对于临界采样的 Gabor 变换可以写为

$$x_k=\sum_{m=0}^{M-1}\sum_{n=0}^{N-1}a_{mn}g_{mn}(k) \tag{19-9}$$

$$a_{mn}=\sum_{k=0}^{L-1}x_k\gamma_{mn}^* \tag{19-10}$$

其中，

$$\begin{cases}g_{mn}(k)=g(k-mN)\mathrm{e}^{\mathrm{j}\frac{2\pi nk}{N}}\\ \gamma_{mn}(k)=\gamma(k-mN)\mathrm{e}^{\mathrm{j}\frac{2\pi nk}{N}}\end{cases} \tag{19-11}$$

$g_{mn}(k)$和 $\gamma_{mn}(k)$需要满足以下双正交条件：

$$\sum_{k=0}^{L-1}g(k+mN)\mathrm{e}^{-\mathrm{j}\frac{2\pi nk}{N}}\gamma^*(k)=\sum_{k=0}^{L-1}g^*(k+mN)\mathrm{e}^{\mathrm{j}\frac{2\pi nk}{N}}\gamma(k)=\delta(m)\delta(n) \tag{19-12}$$

其中，m 在 0 和 $M-1$ 之间取值，n 在 0 和 $N-1$ 之间取值。求解该方程可得到 γ 函数和 γ_{mn}，进而得到 Gabor 展开系数。

对于过采样情况，如令 $L=\overline{N}M=\overline{M}N$，则 Gabor 展开公式与上面相同，但有

$$g_{mn}(k) = g(k - m\bar{N})e^{j\frac{2\pi nk}{N}}$$

$$\gamma_{mn}(k) = \gamma(k - m\bar{N})e^{j\frac{2\pi nk}{N}} \tag{19-13}$$

它们需要满足以下双正交条件：

$$\sum_{k=0}^{L-1} g^*(k + mN)e^{j\frac{2\pi nk}{N}}\gamma(k) = \frac{L}{MN}\delta(m)\delta(n), \quad 0 \leqslant m < \bar{M} - 1, 0 \leqslant n < \bar{N} - 1 \tag{19-14}$$

3. Wigner-Ville 时频分布(WVD)

设连续时间信号 $x(t) \in \mathbb{C}, t \in \mathbb{R}$，则 WVD 定义为

$$W_x(t,\omega) = \int_{-\infty}^{\infty} x(t + \tau/2)x^*(t - \tau/2)e^{-j\omega\tau}d\tau \tag{19-15}$$

信号 $x(t)$ 谱的 WVD 分布表示为

$$W_X(t,\omega) = \int_{-\infty}^{\infty} X(\omega + \xi/2)X^*(\omega - \xi/2)e^{j\xi t}d\xi \tag{19-16}$$

WVD 的时移频移特性：如果将信号 $x(t)$ 的时间移动 t_0，频率移动 ω_0，该信号可以表示为 $e^{j\omega_0 t}x(t-t_0)$，则其 WVD 分布表示为

$$\begin{aligned} W_x(t - t_0, \omega - \omega_0) &= \int_{-\infty}^{\infty} e^{j\omega_0(t+\tau/2)}x(t - t_0 + \tau/2)e^{-j\omega_0(t-\tau/2)}x^*(t - t_0 - \tau/2)e^{-j\omega\tau}d\tau \\ &= \int_{-\infty}^{\infty} x(t - t_0 + \tau/2)x^*(t - t_0 - \tau/2)e^{-j(\omega-\omega_0)\tau}d\tau = W(t - t_0, \omega - \omega_0) \end{aligned} \tag{19-17}$$

时域离散 WVD 定义为连续时间信号 WVD 定义的直接延伸。令连续时间信号 WVD 定义式中的 $t=nT, \frac{\tau}{2}=kT$，则 $\tau=2kT$，即得到离散 WVD 变换：

$$W_x(n,\omega) = 2T\sum_{k=-\infty}^{\infty} x(nT + kT)x^*(nT - kT)e^{-j2kT\omega} \tag{19-18}$$

将 T 归一化，令 $g(k)=x(n+k)x^*(n-k)$，则上式可表示为

$$W_x(n,\omega) = 2\sum_{k=-\infty}^{\infty} g(k)e^{-j2k\omega} \tag{19-19}$$

为了使得信号 WVD 不至于混叠，采样频率必须为信号中所含频率的 4 倍。

根据前面的分析可知，WVD 的一个明显的缺点是存在交叉项，对交叉项进行消除的一项重要措施是对信号进行加窗处理。对信号 $x(t)$ 加窗后变为

$$x_h(t) = x(t)w(t - t_w)$$

其 WVD 为

$$W_{x_h}(t,\omega) = \int_{-\infty}^{\infty} [x(t + \tau/2)w(t - t_w + \tau/2)x^*(t - \tau/2)w^*(t - t_w - \tau/2)]e^{-j\omega\tau}d\tau \tag{19-20}$$

由于此时求出的是 $t=t_w$ 时的 WVD，且 w 总是实函数，所以上式变为

$$W_{x_h}(t,\omega) = \int_{-\infty}^{\infty} [x(t + \tau/2)x^*(t - \tau/2)w(\tau/2)w(-\tau/2)]e^{-j\omega\tau}d\tau \tag{19-21}$$

若令窗函数的宽度为 $(2L+1)T$，为奇数长度，则

$$W_{x_h}(n,\omega)=2\sum_{k=-L}^{L}x(n+k)x^*(n-k)w(k)w(-k)e^{-j2k\omega} \tag{19-22}$$

为了进一步消除时间增长方向上的相干项，可采用平滑伪 Wigner-Ville 分布(smoothing pseudo Wigner-Ville distribution，SPWV 分布)，其变换公式为

$$SPW_x(t,v)=\int_{-\infty}^{+\infty}h(\tau)\int_{-\infty}^{+\infty}g(s-t)x\left(s+\frac{\tau}{2}\right)x^*\left(s-\frac{\tau}{2}\right)dse^{-j2\pi v\tau}d\tau \tag{19-23}$$

三、采用理论数据对程序进行测试

1. 短时傅里叶变换法

某一信号序列 $x(n)$，$n=0,1,2,\cdots,N-1$，$N=100$，在(30，100)和(300，370)范围内分别有两个频率不同的正弦信号。采用短时傅里叶变换方法分析其时频分布(采用长度为 81 的 Hamming 窗，时间滑动步长为 1)。

程序如下：

```
% Lab19_1.m
clear all;
close all
N = 500;
dt = 1;
t = 0:dt:N - 1;
x = zeros(size(t));
x(30:100) = cos(30 * pi * 1/40 * (t(30:100) - 30));
x(100:300) = cos(10 * pi * 1/40 * (t(100:300) - 100));
x(300:370) = cos(20 * pi * 1/40 * (t(300:370) - 300));
figure(1)
subplot(211),plot(t,x,'k','linewidth',2.2);
xlabel('t','fontsize',14);
ylabel('x','fontsize',14);
xlim([0 500]);
ylim([ - 1.1 1.1]);
box off;
X = fft(x);
f = [0:N - 1/2]/N/dt;
magx = abs(X * 2/N);
subplot(212),plot(f,magx,'k','linewidth',2.2);
xlabel('f','fontsize',14);
ylabel('magx','fontsize',14);
xlim([0 0.5]);
box off;
%%
Nw = 81;
nstep = 1;
h = window(@hamming,Nw);
Ts = [];
L = floor(Nw/2);
F = [0:(Nw - 1)/2]/(Nw * dt);
TF = [];
```

```
for ii = 1:nstep:N
    if(ii < L + 1)
        xw = [zeros(1,L - ii + 1),x(1:ii + L)]. * h';
    elseif(ii > N - L)
        xw = [x(ii - L:N),zeros(1,(ii + L) - N)]. * h';
    else
        xw = x(ii - L:ii + L). * h';
    end
    Ts = [Ts,ii];
    temp = fft(xw,Nw);
    TF = [TF,[temp(1:(Nw + 1)/2) * 2/Nw]'];
end
%%
figure(2)
mag = abs(TF);
subplot(211),mesh(Ts,F,mag);
xlabel('Ts','fontsize',14);
ylabel('f','fontsize',14);
zlabel('mag','fontsize',14);
grid off;
box off;
subplot(212), pcolor(Ts,F,abs(TF));
shading interp;
xlabel('Ts','fontsize',14),ylabel('F','fontsize',14);
colorbar;
box off;
```

程序运行结果如图 19-1 和图 19-2 所示。

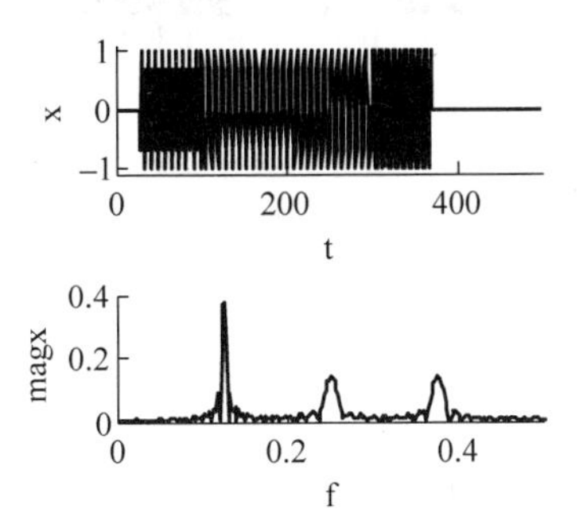

图 19-1　原始信号及其振幅谱

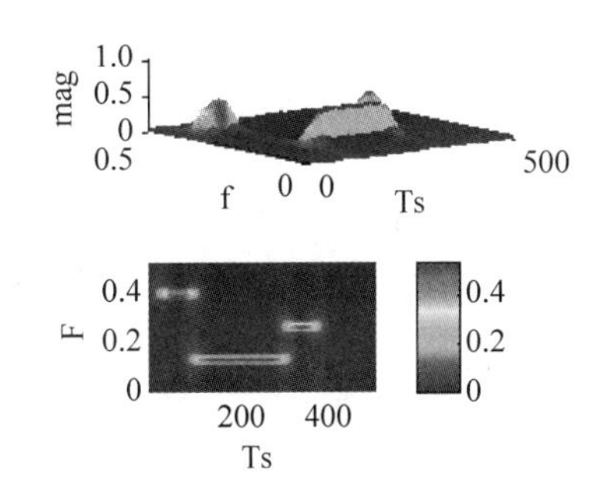

图 19-2　原始信号的短时傅里叶变换

为了观察不同窗口长度情况下同一信号的短时傅里叶变换，编写程序如下：

```
% Lab19_2.m
clear all
close all
addpath('tftoolbox');
N = 500; n = 0:N - 1;
dt = 1;
t = 0:dt:N - 1;
x = zeros(size(t));
```

```
x(30:100) = cos(30 * pi * 1/40 * (t(30:100) - 30));
x(100:300) = cos(10 * pi * 1/40 * (t(100:300) - 100));
x(300:370) = cos(20 * pi * 1/40 * (t(300:370) - 300));
%%
figure(1)
WN = 32;
tfrstft(x',1:length(t),N,hamming(WN + 1));
xlabel('T','fontsize',16);
ylabel('F','fontsize',16);
box off;
%%
figure(2)
WN = 128;
tfrstft(x',1:length(t),N,hamming(WN + 1));
xlabel('T','fontsize',16);
ylabel('F','fontsize',16);
box off;
```

程序运行结果如图 19-3 和图 19-4 所示。

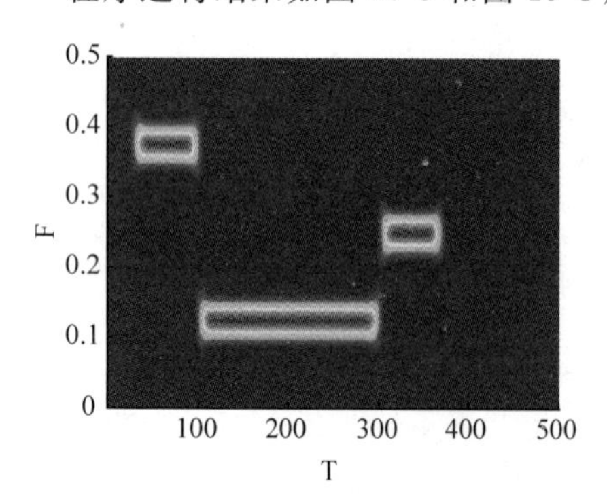

图 19-3　窗口长度为 21 的短时傅里叶变换

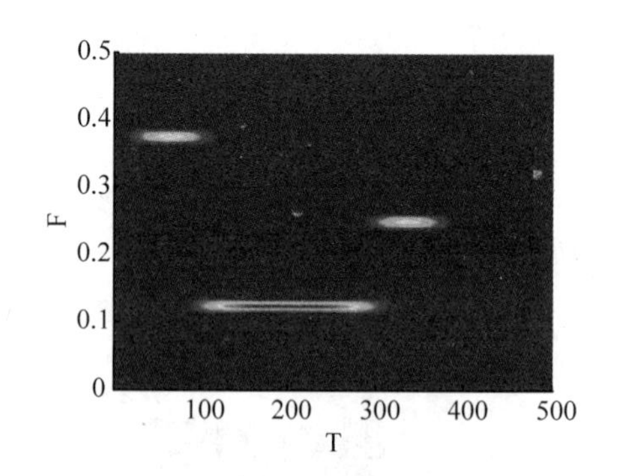

图 19-4　窗口长度为 129 的短时傅里叶变换

2. Gabor 变换

对上文中的信号进行 Gabor 变换,可得其时频分布。

程序如下:

```
%Lab19_3.m
close all                     %关闭所有图形窗口
addpath('tftoolbox');         %添加时频分析工具箱所在的路径
N = 500;                      %信号的长度
dt = 1;                       %信号的采样步长
t = 0:dt:N - 1;               %时间序列
x = zeros(size(t));
x(30:100) = cos(30 * pi * 1/40 * (t(30:100) - 30));
x(100:300) = cos(10 * pi * 1/40 * (t(100:300) - 100));
x(300:370) = cos(20 * pi * 1/40 * (t(300:370) - 300));
tfrgabor(x',100,100,gausswin(101));
%采用 100 个 Gabor 系数,过采样度为 100,采用长度为 101 的高斯窗进行 Gabor 变换
```

程序运行结果如图 19-5 所示。

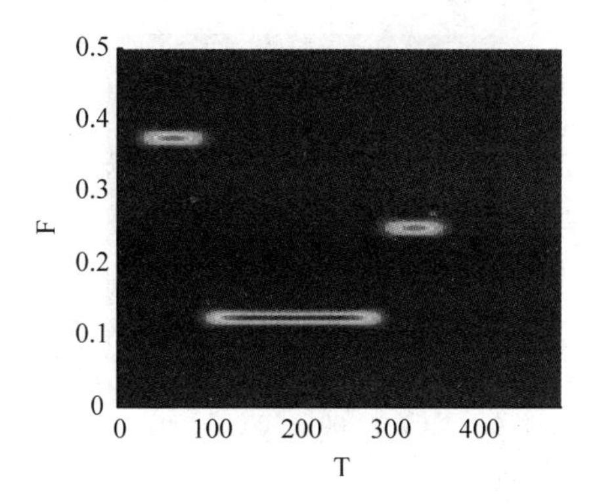

图 19-5　窗口长度 101 的 Gabor 变换

3. WVD 时频分布

某一数字信号序列 $x(n)$，$n=0,1,2,\cdots,N-1$，$N=500$，在(100,200)和(400,450)范围内分别有两个频率不同的正弦信号。采用 WVD 分布分析其时频分布。

程序如下：

```
% Lab19_4.m
clear  all
   N = 500;
dt = 1;
t = 0:dt:N - 1;
x = zeros(size(t));
x(100:200) = cos(2 * pi * 2/10 * (t(100:200) - 100));
x(300:400) = cos(2 * pi * 1/10 * (t(300:400) - 300));
R = zeros(N,N);
for i = 1:N - 1
   M = min(i,N - 1 - i);
   for j = 0:M
       R(i + 1,j + 1) = x(i + j + 1) * conj(x(i - j + 1));
   end
   for j = N - 1: - 1:N - M
       R(i + 1,j + 1) = conj(R(i + 1,N - j + 1));
   end
end
TF = zeros(N,N);
for i = 0:N - 1
   temp = fft(R(i + 1,:));
   TF(i + 1,:) = temp;
end
f_new = [0:length(t) - 1]/(2 * N * dt);
t_new = 0:N - 1;
pcolor(t_new,f_new(1:N/2),abs([TF(:,1:N/2)]'))
shading interp;
colorbar;
```

程序运行结果如图 19-6 所示。

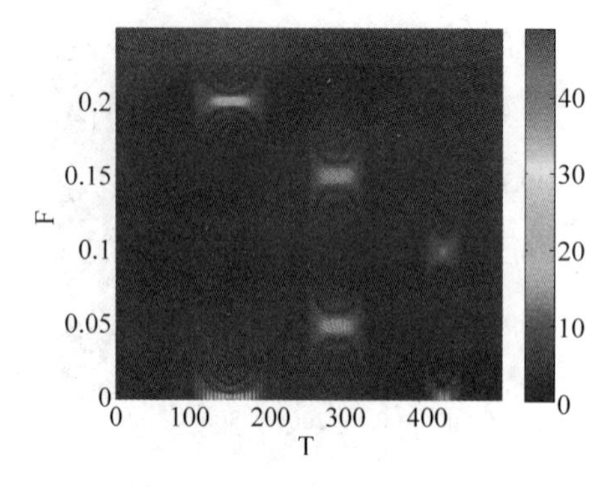

图 19-6　分段信号的 WVD 分布

4．PWVD 时频分析

采用长度为 161 的 Hamming 窗对上文的数据进行 PWVD 时频分析。

程序如下：

```
% Lab19_5.m
close all
addpath('tftoolbox');
N = 500;
dt = 1;
t = 0:dt:N - 1;
x = zeros(size(t));
x(100:200) = cos(2 * pi * 2/10 * (t(100:200) - 100));
x(400:450) = cos(2 * pi * 1/10 * (t(400:450) - 400));
[tfr1,t1,f1] = tfrpwv(x',1:length(t),N,hamming(161));
pcolor(t1,f1(1:N/2),abs(tfr1(1:N/2,:)));
shading interp;
colorbar;
xlabel('T','fontsize',16);
ylabel('F','fontsize',16);
box off;
```

程序运行结果如图 19-7 所示。

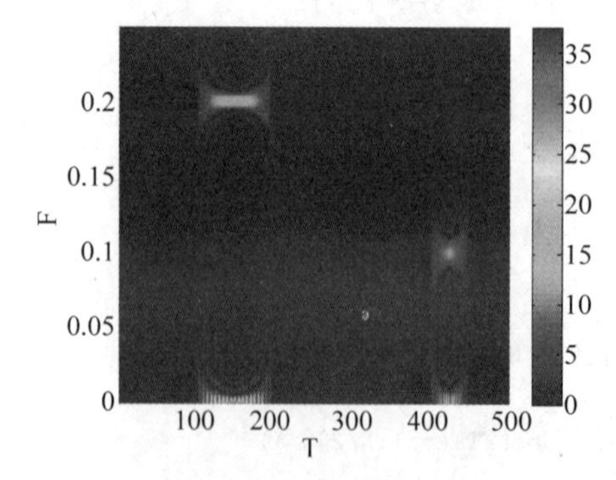

图 19-7　分段信号的加时窗 WVD 分布

5. SPWVD 时频分析

采用窗长为 81 的 Hamming 窗进行时间增长方向平滑和窗长为 125 的频率增长方向平滑对上文的数据进行 SPWVD 时频分析，比较得到的时频分析差别。

程序如下：

```
% Lab19_6.m
close all
addpath('tftoolbox');
N = 500;
dt = 1;
t = 0:dt:N - 1;
x = zeros(size(t));
x(100:200) = cos(2 * pi * 2/10 * (t(100:200) - 100));
x(400:450) = cos(2 * pi * 1/10 * (t(400:450) - 400));
[tfr1,t1,f1] = tfrspwv(x',1:length(t),N,hamming(81));
pcolor(t1,f1(1:N/2),abs(tfr1(1:N/2,:)));
shading interp;
colorbar;
xlabel('T','fontsize',16);
ylabel('F','fontsize',16);
box off;
```

程序运行结果如图 19-8 所示。

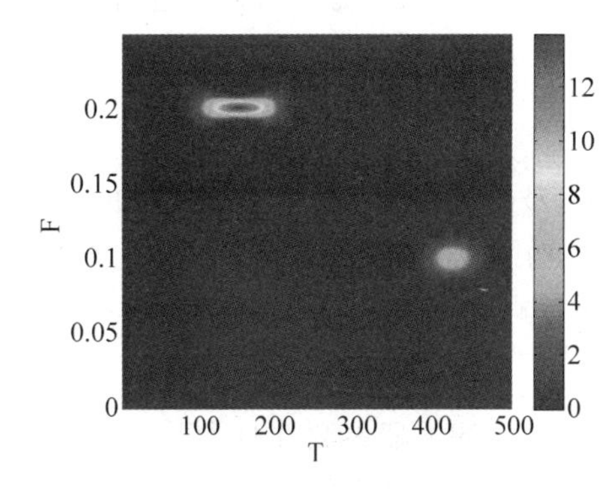

图 19-8　分段信号的加时窗和频窗的 WVD 分布

实验二十

LMS自适应滤波器基本原理及MATLAB仿真

一、实验目的

(1) 通过学习 LMS 自适应滤波器原理,达到提高学生自主学习能力的目的;

(2) 通过构建理论信号对 LMS 自适应滤波器程序进行测试,保证程序计算结果正确。

二、实验原理

传统滤波器在处理输入信号的过程中系统参数是不变的,当环境发生变化时,滤波器可能无法实现原来的目标,为了适应环境的变化,可以通过自适应算法修改滤波器的参数,来适应变化的输入信号,得到期望响应,这种滤波器称为自适应滤波器,它具有时变和非线性特点。

当采用自适应算法找到了最优滤波器参数并且参数不再变化,此时的滤波器就变为线性自适应滤波器。线性自适应滤波器的基本算法是最小均方误差(LMS)算法。

线性自适应滤波器的结构有 FIR 和 IIR 两种,IIR 是递归系统,FIR 是非递归系统。下面我们以 FIR 滤波器为例,分析 LMS 算法。

设有一 FIR 滤波器,其可调系数为 $h(k)$,$0\leqslant k\leqslant N-1$,可调系数矢量为 $\boldsymbol{H}(n)=[h_1(n)h_2(n)\cdots h_N(n)]^{\mathrm{T}}$。设期待的输出信号为 $d(n)$,$0\leqslant n\leqslant M$,输入信号为 $x(n)$,$0\leqslant n\leqslant M$,实际输出信号为 $y(n)$,$0\leqslant n\leqslant M$,输入信号矢量为 $\boldsymbol{X}(n)=[x(n)x(n-1)\cdots x(n-N+1)]^{\mathrm{T}}$,则平方误差之和 $I=\sum\limits_{n=0}^{M}e^2(n)=\sum\limits_{n=0}^{M}\left[d(n)-\sum\limits_{k=0}^{N-1}h(k)x(n-k)\right]^2$,$n=0,1,2,\cdots,M$,当其取极小值时的 h 值就是所求得的滤波器系数。则

$$\frac{\partial\sum\limits_{n=0}^{M}e^2(n)}{\partial h_i}=\sum_{n=0}^{M}\left\{2\left[d(n)-\sum_{k=0}^{N-1}h(k)x(n-k)\right][-x(n-i)]\right\}$$

$$= 2\sum_{n=0}^{M}\left\{-d(n)x(n-i)+\sum_{k=0}^{N-1}h(k)x(n-k)x(n-i)\right\}$$

$$= 2\left[-\varphi_{dx}(i)+\sum_{k=0}^{N-1}h(k)\varphi_{xx}(i-k)\right] \tag{20-1}$$

其中，$\varphi_{dx}(i)=\sum_{n=0}^{M}d(n)x(n-i)$，表示 $d(n)$ 与 $x(n)$ 在时间上错动 i 个单位的互相关；$\varphi_{xx}(i-k)=\sum_{n=0}^{M}x(n-k)x(n-i)$，表示 $x(n)$ 与其自身在时间上错动 $i-k$ 单位的自相关。使 $\frac{\partial I}{\partial h_i}=0$，即使 $\sum_{k=0}^{N-1}h(k)\varphi_{xx}(i-k)=\varphi_{zx}(i)$ 对所有的 i 均成立，其中 $i=0,1,2,\cdots,N-1$。解此线性方程组可得到最优维纳解，即最优滤波器系数。

基于维纳滤波器理论的最小均方(LMS)算法基本上是一种最陡下降法，该方法在迭代过程的每一步得到梯度 $\nabla(n)$ 的准确值，并且适当地选择了收敛因子 μ，则会收敛于最佳维纳解。LMS 算法进行梯度估计是以误差信号每一次迭代的瞬时平方值替代其均方值，根据梯度矢量的定义，有

$$\nabla(n)\approx\hat{\nabla}(n)=\frac{\partial e^2(n)}{\partial \boldsymbol{H}(n)}$$

$$=\left[\frac{\partial e^2(n)}{\partial h_0(n)}\quad\frac{\partial e^2(n)}{\partial h_1(n)}\quad\cdots\quad\frac{\partial e^2(n)}{\partial h_M(n)}\right]^{\mathrm{T}}$$

$$=\left[2e(n)\frac{\partial e(n)}{\partial \boldsymbol{H}(n)}\right]=-\left[2e(n)\boldsymbol{X}(n)\right] \tag{20-2}$$

实际上，$\hat{\nabla}(n)$ 只是单个平方误差序列的梯度，而 $\nabla(n)$ 则是多个平方误差序列统计平均的梯度，所以 LMS 算法就是用前者作为后者的近似。用梯度估计 $\hat{\nabla}(n)$ 替代最速下降法中的梯度真值 $\nabla(n)$，则

$$h(n+1)=h(n)-\mu\hat{\nabla}(n)=h(n)+2\mu e(n)x(n) \tag{20-3}$$

式(20-3)中，μ 为自适应滤波器的收敛因子。上式即为著名的 LMS 算法的滤波器权矢量迭代公式。可以看出，自适应迭代下一时刻的权系数矢量可以由当前时刻的权系数矢量加上误差函数为比例因子的输入矢量得到。

三、通过构建理论信号对 LMS 自适应滤波进行检验

1. 单通道自适应噪声估计

程序如下：

```
% Lab20_1.m
clear all
close all
N = 500;
dt = 1;
t = 0:dt:N - 1;
x = zeros(size(t));
x(50:200) = cos(2 * pi * 1/50 * (t(50:200) - 50));
```

```
x(250:450) = cos(2 * pi * 1/10 * (t(250:450) - 250)) * 2;
noise = [zeros(1,200)  - x(201:500) * 1.1];
Nf = 2;
u = 0.1;
[h,y,e] = lms(x,noise,u,Nf);
figure(1)
subplot(3,1,1),plot(t,x,'k','linewidth',2.2);
ylabel('x','fontsize',14);
xlim([0 500]);
ylim([ - 5 5]);
box off;
subplot(3,1,2),plot(t,noise,'k','linewidth',2.2);
ylabel('noise','fontsize',14);
xlim([0 500]);
box off;
subplot(3,1,3),plot(t,x + noise,'k','linewidth',2.2);
xlabel('t','fontsize',14);
ylabel('x + noise','fontsize',14);
ylim([ - 5 5]);
xlim([0 500]);
box off;
%%
figure(2)
subplot(211),plot(t,y,'k','linewidth',2.2);
ylabel('y','fontsize',14);
xlim([0 500]);
box off;
subplot(212),plot(t,x + noise - y,'k','linewidth',2.2);
xlabel('t','fontsize',14);
ylabel('x + noise - y','fontsize',14);
ylim([ - 5 5]);
xlim([0 500]);
box off;
```

程序运行结果如图 20-1 和图 20-2 所示。

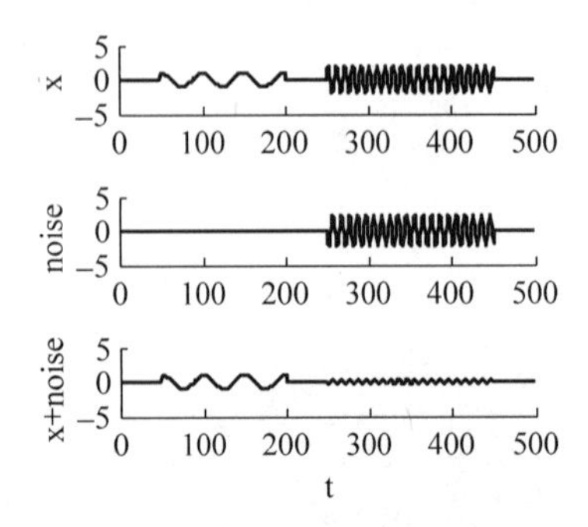

图 20-1　信号与噪声及染噪的信号

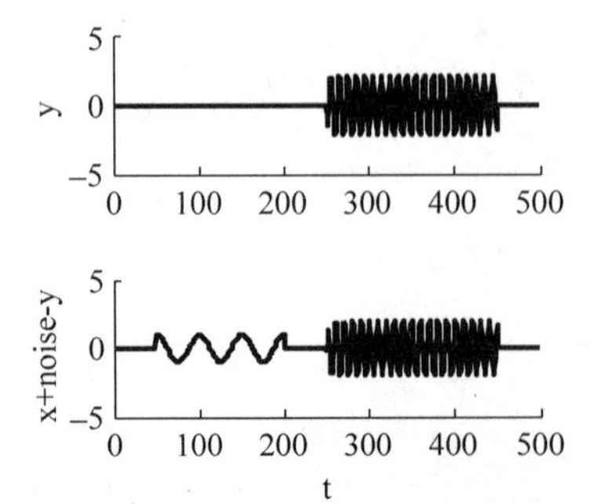

图 20-2　自适应方法估计的噪声及滤波结果

2. 多通道滤波

程序如下：

```
%Lab20_2.m
clear all;close all
N = 500;                                                    %信号的长度
dt = 1;                                                     %信号的采样间隔
t = 0:dt:N-1;                                               %时间序列
x = zeros(size(t));
x(50:150) = cos(2*pi*1/20*(t(50:150)-50));                  %频率为 0.05Hz
x(250:450) = cos(2*pi*1/40*(t(250:450)-250))*2;             %频率为 0.025Hz
noise1 = [zeros(1,200) -x(201:500)*1.1];
%噪声为 201～500 之间与主通道信号反相,振幅增大
noise2 = [1.5*x(1:200) zeros(1,300)];
%噪声为 201～450 之间与主通道信号反相,振幅增大
noise = [noise1; noise2];
%x = x + (1-randn(1,500))*0.8;
xn = x + noise1 + noise2;
Nf = 2;                                                     %自适应 FIR 滤波器的阶数
u = 0.1;                                                    %步长
[h,y,e] = lms_multi(x,noise,u,Nf);                          %采用 LMS 对噪声进行抵消
%%
figure(1)
subplot(4,1,1),plot(t,x,'k','linewidth',2.2);               %绘制主通道信号输入
ylabel('x','fontsize',14);
xlim([0 500]);
box off;
subplot(4,1,2),plot(t,noise1,'k','linewidth',2.2);          %绘制噪声信号输入
ylabel('noise1','fontsize',14);
xlim([0 500]);
box off;
subplot(4,1,3),plot(t,noise2,'k','linewidth',2.2);          %绘制噪声信号输入
ylabel('noise2','fontsize',14);
xlim([0 500]);
box off;
subplot(4,1,4),plot(t,xn,'k','linewidth',2.2);              %绘制染噪信号输入
xlabel('t','fontsize',14);
ylabel('xn','fontsize',14);
xlim([0 500]);
box off;
%%
figure(2)
subplot(4,1,1),plot(t,y(1,:),'k','linewidth',2.2);          %绘制估计的噪声信号
ylabel('y1','fontsize',14);
xlim([0 500]);
```

```
box off;
subplot(4,1,2),plot(t,y(2,:),'k','linewidth',2.2);          %绘制估计的噪声信号
ylabel('y2','fontsize',14);
xlim([0 500]);
box off;
subplot(4,1,3),plot(t,y(3,:),'k','linewidth',2.2);          %绘制估计的噪声信号
ylabel('y3','fontsize',14);
xlim([0 500]);
box off;
subplot(4,1,4),plot(t,xn - y(3,:),'k','linewidth',2.2);     %绘制输出结果
xlabel('t','fontsize',14);
ylabel('xn - y3','fontsize',14);
xlim([0 500]);
box off;

function [h,y,e] = lms_multi(x,d,u,Nf)
[M,Nd] = size(d);
y = zeros(M + 1,Nd);e = zeros(M,Nd);
h = zeros(M,Nf);
for n = Nf:Nd
      x1 = x(n: - 1:n - Nf + 1);                                %使用 n 时刻前面的 N 个数值
     for i = 1:M
          y(i,n) = h(i,:) * x1';
          e(i,n) = d(i,n) - y(i,n);
          h(i,:) = h(i,:) + u * e(i,n) * x1;
          y(M + 1,n) = y(M + 1,n) + y(i,n);
     end
end
return
```

程序运行结果如图 20-3 和图 20-4 所示。

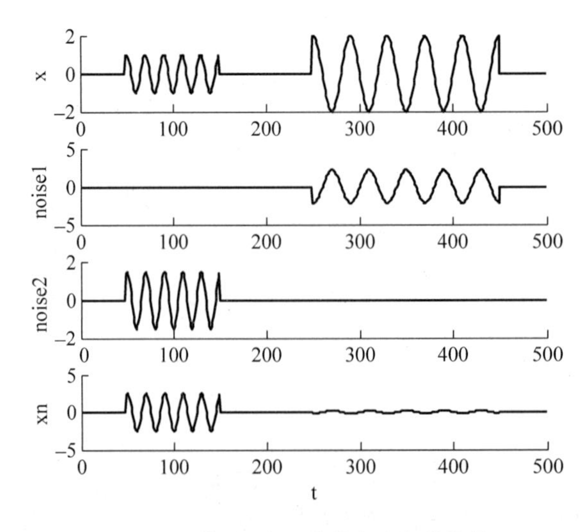

图 20-3　信号、多通道噪声及染噪信号

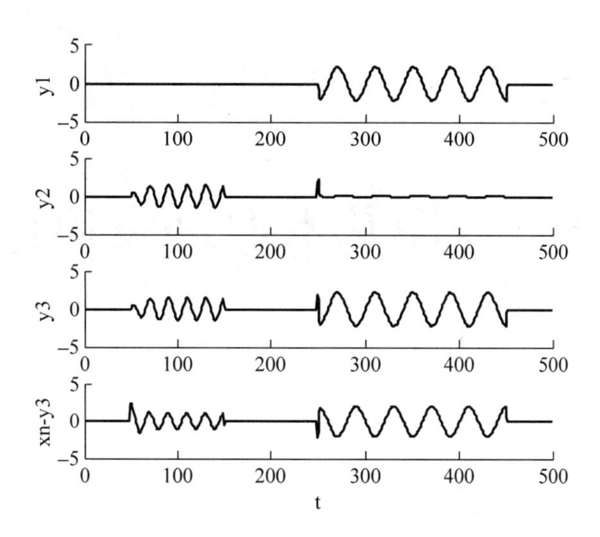

图 20-4　自适应方法对多通道噪声进行估计及滤波

实验二十一

小波变换基本原理及应用

一、实验目的

(1) 通过学习小波变换原理,达到提高学生自主学习能力的目的;
(2) 通过构建理论信号对小波变换程序进行测试,保证程序计算结果正确;
(3) 查阅资料,了解地铁噪声对地电数据的强干扰影响;
(4) 尝试采用 FIR 滤波器对噪声进行滤波;
(5) 尝试采用小波变换对噪声进行滤波,在时频域对两种方法进行比较分析。

二、实验原理

1. 问题提出

傅里叶变换是数字信号处理的重要手段,在信号处理中得到了普遍应用。但傅里叶变换不能同时在时频域进行分析。此外,傅里叶变换无法分析信号发生奇异的位置。20 世纪 80 年代初由法国油气工程师 Morlet 提出的小波分析能成功地解决这些问题,因此小波分析是傅里叶分析发展史上的一个里程碑。

小波分析(wavelets analysis)是一种信号的时间-尺度(时间-频率)分析方法,它具有多分辨分析的特点,而且在时频两域都具有表征信号局部特征的能力,是一种窗口形状固定不变,但其大小可以改变的时频局部化分析方法。即在低频部分具有较高的频率分辨率和较低的时间分辨率,在高频部分具有较高的时间分辨率和较低的频率分辨率。

2. 发展历史

小波理论的形成经历了三个阶段:①傅里叶变换(Fourier transform,FT)阶段。在信号分析中,我们对信号的基本刻画往往采取时域和频域两种基本形式。时域分析无法得到关于信号变化的更多信息(如采样、周期等)。1822 年傅里叶提出了频域分析法——傅里叶变换($F(\omega)$),能揭示信号 $f(t)$的能量在各个频率成分中的分布情况。许多时域上看不清的问题,通过 $F(\omega)$就显得清晰了。$F(\omega)$确定了 $f(t)$在整个时间域上的频谱特性,不能反映信号某一局部时间附近的频谱特性,因此在时间域上没有任何分辨率。这对具有突变的信号,如暴雨、洪水等的分析带来诸多不便和困难。②短时傅里叶变换(short Fourier transform, SFT)阶段。1946 年 Gabor 提出了 SFT 方法。SFT 能实现信号时频局部化分析,但窗函数一经选定,其窗口的大小和形状则固定不变,其分辨率是有限的。由于频率与周期成反比,因此高频信号需要窄的时间窗,低频信号需要宽的时间窗,即变换的窗口大小应随频率而变。SFT 解决不了这个问题。③小波变换(wavelet transform, WT)阶段。在继承 SFT 的基础上,Morlet 提出了小波变换法(WT)。WT 可研究信号在各个时刻或各空间位置不同尺度上的演变情况,实现了时频局部化分析。

3. 方法来源

小波变换的思想来源于对信号的伸缩与平移。1984 年法国地球物理学家 J. Morlet 在分析地震数据时提出将地震波按一个确定函数的伸缩、平移系展开。1985 年,法国数学家 Meyer 创造性地构造了规范正交基,提出了多分辨率概念和框架理论,小波热由此兴起。1986 年 Battle 和 Lemarie 又分别独立地给出了具有指数衰减的小波函数;同年,Mallat 创造性地发展了多分辨分析概念和理论并提出了快速小波变换算法——Mallat 算法。Daubechies(1988)构造了具有有限紧支集的正交小波基,王建忠(1990)构造了基于样条函数的正交小波。至此,小波分析的系统理论得以建立。Coifman、Meyer 等人提出了小波包理论,它是小波理论的进一步发展。

4. 应用领域

小波分析一面世,立刻成为国际研究热点。目前小波分析在信号处理、图像压缩、语音编码、模式识别、地震勘探、大气科学以及许多非线性科学领域内取得了大量的研究成果。小波分析之所以得到广泛应用,在于它在时域和频域同时具有良好的局部性质;能将信号(时间序列)分解成多尺度成分,从而能够不断地聚集到所研究对象的任意微小细节,同时具有数学上严格意义的突变点诊断能力。

5. 小波变换的优势

小波变换的时频窗口特性与短时傅里叶变换的时频窗口不一样,因为平移因子仅仅影响窗口在相平面时间轴上的位置,而尺度因子不仅影响窗口在频率轴上的位置,也影响窗口的形状。这样小波变换对不同的频率在时域上的取样步长是可调节的,即在低频时小波变换的时间分辨率较低,而频率分辨率较高;在高频时小波变换的时间分辨率较高,而频率分辨率较低,这正符合低频信号变化缓慢而高频信号变化迅速的特点。这便是它优于经典的傅里叶变换和短时傅里叶变换之处,从总体上说,小波变换比短时傅里叶变换具有更好的时频窗口特性。

6. 小波变换

小波是函数空间中满足频谱条件式(21-1)的一个函数或信号:

$$C_{\Psi} = \int_{\mathbb{R}^{+}} \frac{|\overline{\Psi(\omega)}|^{2}}{|\omega|} d\omega < \infty \tag{21-1}$$

一组小波基函数是母小波通过伸缩(尺度因子 a)和平移(平移因子 b)产生的:

$$\Psi(a,b)(t) = \frac{1}{\sqrt{|a|}} \Psi\left(\frac{t-b}{a}\right) \tag{21-2}$$

对信号 $x(t)$ 的连续小波变换也称为积分小波变换,表示为

$$W_{t}(a,b) = \frac{1}{\sqrt{|a|}} \int_{\mathbb{R}} x(t) \Psi\left(\frac{t-b}{a}\right) dt = \langle x(t), \Psi(a,b)(t) \rangle \tag{21-3}$$

将式(21-3)中的 a,b 取为 $b=\frac{k}{2^j},a=\frac{1}{2^j},j,k\in\mathbb{Z}$,可得离散小波变换

$$W_f(2^{-j},2^{-j}k)=2^{-j/2}\int_{-\infty}^{+\infty}x(t)\Psi(2^{-j}t-k)\mathrm{d}t \tag{21-4}$$

逆变换为

$$x(t)=C\sum_{j=-\infty}^{+\infty}\sum_{k=-\infty}^{+\infty}W_f(2^j,2^jk)\Psi_{(2^j,2^jk)}(t) \tag{21-5}$$

7. 常用的小波函数

有 Harr、Daubecheies、Symlets、ReverseBior、Meyer、Dmeyer、Morlet、Complex Gaussian、Complex morlet、Lemarie 等小波系。实际应用中依据小波的支撑长度、对称性、正则性等标准选择合适的小波函数。

以 Mexican Hat 为例,观察小波的尺度、平移及时域和频域的局部化特征。

程序如下:

```
% Lab21_1.m
clear all
a = 2;t0 = 20;N = 100;
t = (1:1:N);
x = (1 - ((t - t0)/a).^2). * exp( - ((t - t0)/a).^2/2)/a;
t1 = 60;
x1 = (1 - ((t - t1)/a).^2). * exp( - ((t - t1)/a).^2/2)/a;
%%
figure
subplot(221),plot(x,'k','linewidth',2.2);
hold on
plot(x1,'k - .','linewidth',2.2)
hold off
x_fft = fft(x);
ylabel('x','fontsize',14)
ylim([ - 0.5 1.3])
hg = legend('a = 2,b = 20','a = 2,b = 60');
set(hg,'box','off')
set(hg,'fontsize',9)
magx = 2 * abs(x_fft(1:N/2))/(N/2);
f = t(1:N/2)/N;
box off;
subplot(222),plot(f,magx,'k','linewidth',2.2);
axis tight;
hold on
x1_fft = fft(x1);
magx1 = 2 * abs(x1_fft(1:N/2))/(N/2);
plot(f,magx1,'k + ','linewidth',2.2);
ylabel('magx','fontsize',14);
ylim([0 0.1])
box off;
hg = legend('a = 2,b = 20','a = 2,b = 60');
```

```
set(hg,'box','off')
set(hg,'fontsize',9)
%%
a = 8;t0 = 20;N = 100;
t = (1:1:N);
y = (1 - ((t - t0)/a).^2). * exp( - ((t - t0)/a).^2/2)/a;
t1 = 60;
y1 = (1 - ((t - t1)/a).^2). * exp( - ((t - t1)/a).^2/2)/a;
subplot(223),plot(y,'k','linewidth',2.2);
hold on
plot(y1,'k - .','linewidth',2.2)
hold off
xlabel('t','fontsize',14);
ylabel('y','fontsize',14)
ylim([ - 0.1 0.3])
hg = legend('a = 8,b = 20','a = 8,b = 60');
set(hg,'box','off')
set(hg,'fontsize',9)
box off;
y_fft = fft(y);
magy = 2 * abs(y_fft(1:N/2))/(N/2);
subplot(224),plot(f,magy,'k','linewidth',2.2);
axis tight;
hold on
y1_fft = fft(y1);
magy1 = 2 * abs(y1_fft(1:N/2))/(N/2);
plot(f,magy1,'k + ','linewidth',2.2);
xlabel('f','fontsize',14);
ylabel('magy','fontsize',14)
ylim([0 0.1]);
box off;
hg = legend('a = 8,b = 20','a = 8,b = 60');
set(hg,'box','off')
set(hg,'fontsize',9)
```

程序运行结果如图 21-1 所示。

8. 信号的离散小波变换

设计一理论信号,理解连续小波变换和离散小波变换的作用。

程序如下:

```
% Lab21_2.m
clear all
a = 1;t0 = 300;N = 1000;
t = (1:1:N);
x0 = (1 - ((t - t0)/a).^2). * exp( - ((t - t0)/a).^2/2)/a;
a1 = 4;t1 = 500;
x1 = 10 * (1 - ((t - t1)/a1).^2). * exp( - ((t - t1)/a1).^2/2)/a1;
%%
figure(1)
```

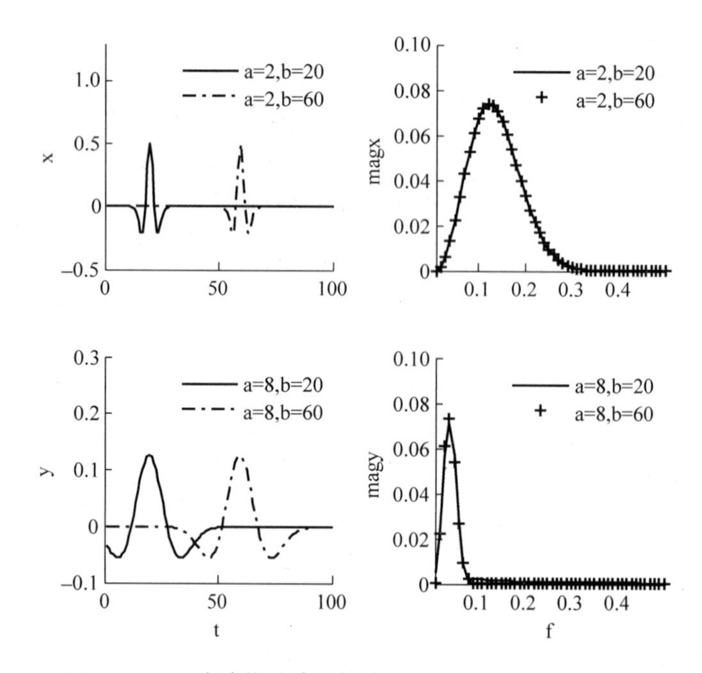

图 21-1　Mexican Hat 小波的时域和频域曲线(a 为尺度因子,b 为平移因子)

```
subplot(411),plot(t,x0 + x1,'k','linewidth',2.2);
ylabel('x0 + x1','fontsize',14);
box off;
f = 0.001;
x2 = 5 * cos(2 * pi * f * t);
subplot(412),plot(t,x2,'k','linewidth',2.2);
ylabel('x2','fontsize',14);
box off;
x3 = 0.2 * randn(1,N);
subplot(413),plot(t,x3,'k','linewidth',2.2);
ylim([ - 5 5]);
ylabel('x3','fontsize',14);
box off;
x = x0 + x1 + x2 + x3;
subplot(414),plot(t,x,'k','linewidth',2.2);
xlabel('t','fontsize',14);
ylabel('x','fontsize',14);
box off;
%%
x = x - mean(x);
%%
figure(2)
NN = 7;
for j = 1:NN - 3
a = 2.^j;
    for n = (1:1:1000)
      t0 = n * 1;
      w = (1 - ((t - t0)/a).^2). * exp( - ((t - t0)/a).^2/2)/a;
      xw(j,n) = sum(x. * w);
    end
    subplot(NN - 3,1,j),plot(xw(j,:),'k','linewidth',2.2);
```

```
    ylabel('xw','fontsize',14);
    box off;
    hold on
end
xlabel('t','fontsize',14);
%%
figure(3)
for j = 5:NN
a = 2.^j;
for n = (1:1:1000)
    t0 = n * 1;
    w = (1 - ((t - t0)/a).^2). * exp( - ((t - t0)/a).^2/2)/a;
    xw(j,n) = sum(x. * w);
    end
    subplot(NN - 4,1,j - 4),plot(xw(j,:),'k','linewidth',2.2);
    ylabel('xw','fontsize',14);
    box off;
    hold on
end
xlabel('t','fontsize',14);
%%
figure(4)
cwl  =  cwt(x,1:32,'sym2','3Dlvlabs');
[m,n] = size(cwl);
pcolor(1:n,1:m,abs(cwl));
shading interp;
colorbar;
xlabel('b','fontsize',14),ylabel('a','fontsize',14);
box off;
```

程序运行结果如图 21-2～图 21-5 所示，其中图 21-2 为理论信号，图 21-3 和图 21-4 为离散小波变换结果，图 21-5 为连续小波变换结果。

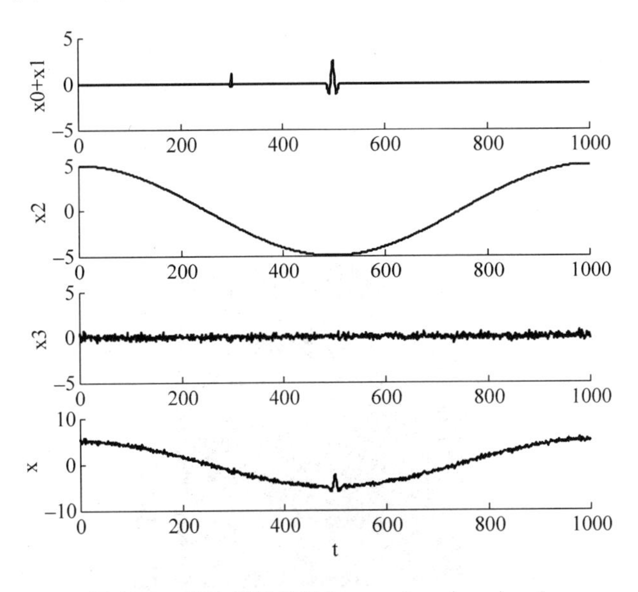

图 21-2　理论信号波形（$x=x_0+x_1+x_2+x_3$）

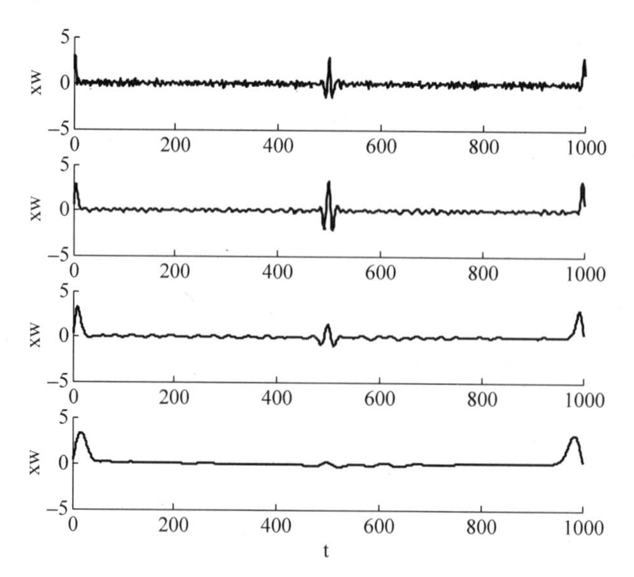

图 21-3　理论信号的多尺度墨西哥草帽小波分解(a=2,4,8,16)

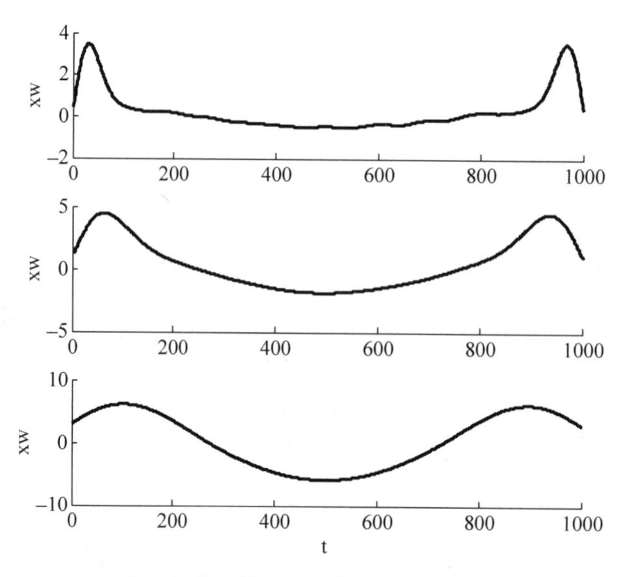

图 21-4　理论信号的多尺度墨西哥草帽小波分解(a=32,64,128)

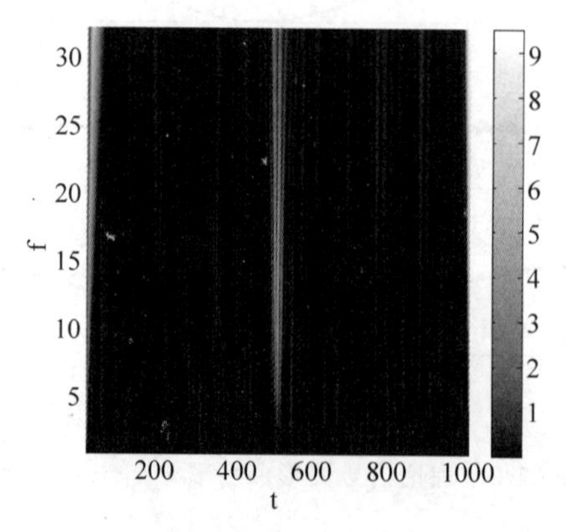

图 21-5　理论信号的连续墨西哥草帽小波变换

9. 信号去噪

1）小波分析去除噪声的原理

小波去噪实际上是对小波系数作用阈值，对各层系数作用的阈值是根据原信号的信噪比进行取值的。

2）小波分析降噪的准则

（1）光滑性：在大多数情况下，降噪后的信号波形至少应该和原始信号的波形具有同等光滑度。

（2）相似性：降噪后的信号和原始信号的方差应是最坏情况下的最小值。

3）小波分析降噪的过程

（1）分解过程：对信号进行 N 层小波分解。

（2）作用阈值过程：对分解得到的各层系数分别选择一个阈值。

（3）重建过程：降噪后的系数通过小波重构恢复原始数据。

10. 城市轨道交通干扰信号的特点

当地铁运行时，大量电流流动，会产生强大的磁场和电场，使周围电场增强，从而干扰附近地电观测的结果。城市轨道交通信号一般具有几个明显的特点。

1）不连续性

城市轨道交通作为一种城市交通工具，只有在运行的时候才产生强大的电场，因此其所产生的干扰信号是不连续的。

2）周期性

由于轨道交通运营的规律性，轨道交通干扰信号也呈现周期性。我们将天津宝坻地震台 2012 年 9 月 1 日—2 日的数据绘制出来进行观察。

程序如下：

```
% lab21_3.m
close all
clc;clear;
load tianjingbaodidiyi_ns_2012_09_01_2012_09_02_1711193468.txt;
s1 = tianjingbaodidiyi_ns_2012_09_01_2012_09_02_1711193468(:,2);
s1 = s1';
ls1 = length(s1);n = 0:ls1 - 1;h = n/60;
figure(1)
plot(h,s1,'k','linewidth',2.2);
xlabel('h','fontsize',14);
ylabel('s1','fontsize',14);
x = [0,6,12,18,24,30,36,42,48];
set(gca,'Xtick',x);
set(gca,'Xticklabel',{'0','6','12','18','24','30','36','42','48'});
box off;
```

程序运行结果如图 21-6 所示。

由图 21-6 可以看出宝坻地震台地电观测受干扰的时间段在 6:00—24:00，即干扰段，刚好符合天津市内地铁的运营时间，在运行时间段内，噪声明显增大，信号的周期减小，波峰尖锐。

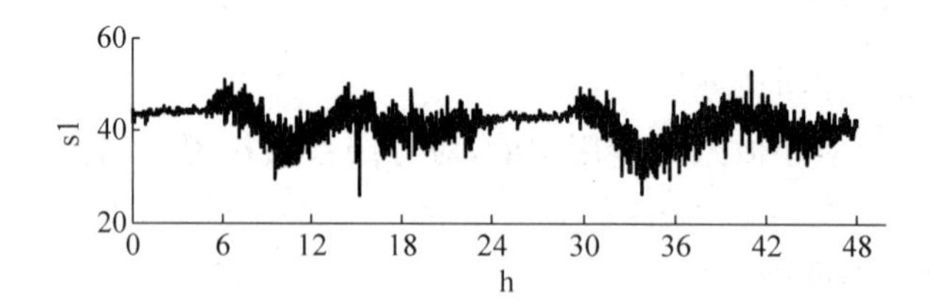

图 21-6 天津宝坻地震台 2012 年 9 月 1 日—2 日第一装置地电场观测南北向数据

3）能量叠加性

城市轨道交通的干扰呈现叠加性。当地电观测点附近出现两条地铁时，干扰相互叠加，使干扰程度增加。下面以通州地震台 2002 年 8 月 10 日、2004 年 8 月 10 日、2009 年 8 月 10 日及 2011 年 8 月 10 日的数据进行对比。

程序如下：

```
% lab21_4.m
close all
clc;clear;
load beijingdiyi_ns_2002_08_10_2002_08_11_1932918613.txt;
load beijingdiyi_ns_2004_08_10_2004_08_11_1577647901.txt;
load beijingdiyi_ns_2009_08_10_2009_08_11_103699170.txt;
load beijingdiyi_ns_2011_08_10_2011_08_11_339339922.txt;
s1 = beijingdiyi_ns_2002_08_10_2002_08_11_1932918613(:,2);
s2 = beijingdiyi_ns_2004_08_10_2004_08_11_1577647901(:,2);
s3 = beijingdiyi_ns_2009_08_10_2009_08_11_103699170(:,2);
s4 = beijingdiyi_ns_2011_08_10_2011_08_11_339339922(:,2);
s1 = s1';
s2 = s2';
s3 = s3';
s4 = s4';
ls1 = length(s1);n = 0:ls1 - 1;h = n/60;
%%
s3(2648:2651) = s3(2652:2655);
%%
s4(281:284) = s4(285:288);
plot(s4)
%%
figure(1)
subplot(411),plot(h,s1,'k','linewidth',2.2);
ylabel('s1','fontsize',14);
x = [0,6,12,18,24,30,36,42,48];
set(gca,'Xtick',x);
set(gca,'Xticklabel',{'0','6','12','18','24','30','36','42','48'});
box off;
subplot(412),plot(h,s2,'k','linewidth',2.2);
ylabel('s2','fontsize',14);
x = [0,6,12,18,24,30,36,42,48];
set(gca,'Xtick',x);
set(gca,'Xticklabel',{'0','6','12','18','24','30','36','42','48'});
box off;
subplot(413),plot(h,s3,'k','linewidth',2.2);
ylabel('s3','fontsize',14);
```

```
x = [0,6,12,18,24,30,36,42,48];
set(gca,'Xtick',x);
set(gca,'Xticklabel',{'0','6','12','18','24','30','36','42','48'});
box off;
subplot(414),plot(h,s4,'k','linewidth',2.2);
ylabel('s4','fontsize',14);
xlabel('h ','fontsize',14);
x = [0,6,12,18,24,30,36,42,48];
set(gca,'Xtick',x);
set(gca,'Xticklabel',{'0','6','12','18','24','30','36','42','48'});
box off;
```

程序运行结果如图 21-7 所示。

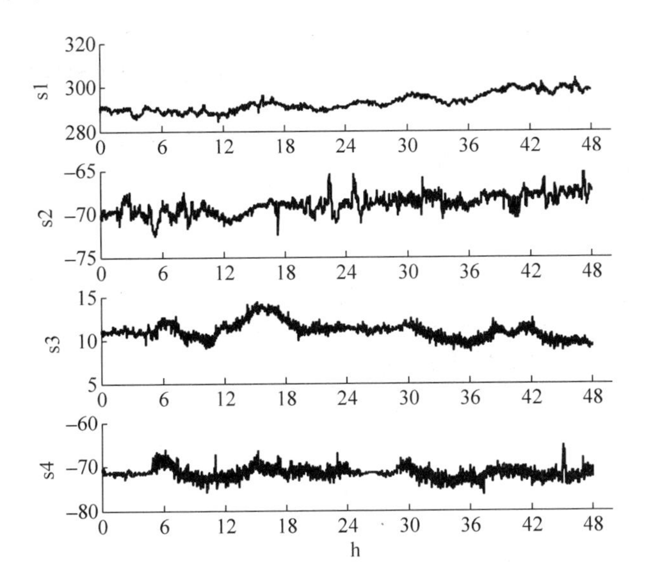

图 21-7　北京通州地震台第一装置地电场观测南北向数据

(s1 为 2002 年 8 月 10 日—11 日数据；s2 为 2004 年 8 月 10 日—11 日数据；s3 为 2009 年 8 月 10 日—11 日数据；s4 为 2011 年 8 月 10 日—11 日数据)

由图 21-7 可以看出，随着时间的增加，地电信号受到的干扰也越来越大。在 2002 年 8 月 10 日时北京地铁八通线、地铁 5 号线和地铁 4 号线都未开通，所受到的干扰也较小；到 2004 年 8 月 10 日地铁八通线已经开通，地电观测曲线形态发生改变；再到 2009 年 8 月 10 日北京地铁 5 号线已经开通，此时的地电观测受地铁八通线和地铁 5 号线的同时干扰，干扰非常明显，并可以看出在地铁的运营时间干扰增大；到了 2011 年 8 月 10 日地铁四号线已经开通，此后地电观测受到了 3 条地铁的干扰，干扰已经非常大，明显可以看出 5:00—24:00 为干扰段，0:00—4:00 为平静段，严重影响数据的使用，使资料的利用率大幅下降。

三、采用小波变换对实测数据进行处理

下面我们对天津宝坻地震台 2012 年 9 月 1 日第一观测装置的地电数据进行小波去噪处理。

程序如下：

```
% lab21_5.m
close all
clc;clear;
load tianjingbaodidiyi_ns_2012_09_01_2012_09_02_1711193468.txt;
s1 = tianjingbaodidiyi_ns_2012_09_01_2012_09_02_1711193468(:,2);
s1 = s1';
s1 = s1(1:1440);
ls1 = length(s1);n = 0:ls1 - 1;h = n/60;
%画出原始图像
figure(1)
plot(h,s1,'k','linewidth',2.2);
x = [0,3,6,9,12,15,18,21,24];                        %要标注的时间
set(gca,'Xtick',x);                                  %通过句柄绘图设置要标注的时间位置
set(gca,'Xticklabel',{'0','3','6','9','12','15','18','21','24'});
                                                     %通过句柄绘图,设置 x 轴标度的显示方式
ylabel('s1','fontsize',14);
xlabel('h ','fontsize',14);
box off;
%%
% --------5 层分解--------c 存放系数-顺序:ca5   cd5   cd4 cd3   cd2   cd1 - l %
%是长度-----------------------------------------
% -- length(s1) = 1440,length(c) = 1492,l
%l =
%
%          55
%          55
%         100
%         189
%         368
%         725
%        1440
% -----------------------------------------
[c,l] = wavedec(s1,5,'sym6');
ca5 = appcoef(c,l,'sym6',5);                         %提取第 5 层系数
a5 = wrcoef('a',c,l,'sym6',5);                       %用第 5 层系数重构的信号分量
ca4 = appcoef(c,l,'sym6',4);
a4 = wrcoef('a',c,l,'sym6',4);
ca3 = appcoef(c,l,'sym6',3);
a3 = wrcoef('a',c,l,'sym6',3);
ca2 = appcoef(c,l,'sym6',2);
a2 = wrcoef('a',c,l,'sym6',2);
ca1 = appcoef(c,l,'sym6',1);
a1 = wrcoef('a',c,l,'sym6',1);
%提取各层的高频系数并进行重构
cd5 = detcoef(c,l,5);d5 = wrcoef('d',c,l,'sym6',5);
cd4 = detcoef(c,l,4);d4 = wrcoef('d',c,l,'sym6',4);
cd3 = detcoef(c,l,3);
d3 = wrcoef('d',c,l,'sym6',3);
cd2 = detcoef(c,l,2);
```

```
d2 = wrcoef('d',c,l,'sym6',2);
cd1 = detcoef(c,l,1);
d1 = wrcoef('d',c,l,'sym6',1);
%%
% --------- 画出原始数据的各层的低频及对高频分解的小波系数
figure(2)
subplot(5,2,1);plot(ca1,'k','linewidth',2.2);
ylabel('ca1','fontsize',14);
axis tight;
box off;
subplot(5,2,2);plot(cd1,'k','linewidth',2.2);
ylabel('cd1','fontsize',14);
axis tight;
box off;
subplot(5,2,3);plot(ca2,'k','linewidth',2.2);
ylabel('ca2','fontsize',14);
axis tight;
box off;
subplot(5,2,4);plot(cd2,'k','linewidth',2.2);
ylabel('cd2','fontsize',14);
axis tight;
box off;
subplot(5,2,5);plot(ca3,'k','linewidth',2.2);
ylabel('ca3','fontsize',14);
axis tight;
box off;
subplot(5,2,6);plot(cd3,'k','linewidth',2.2);
ylabel('cd3','fontsize',14);
axis tight;
box off;
subplot(5,2,7);plot(ca4,'k','linewidth',2.2);
ylabel('ca4','fontsize',14);
axis tight;
box off;
subplot(5,2,8);plot(cd4,'k','linewidth',2.2);
ylabel('cd4','fontsize',14);
axis tight;
box off;
subplot(5,2,9);plot(ca5,'k','linewidth',2.2);
ylabel('ca5','fontsize',14);
axis tight;
box off;
subplot(5,2,10);plot(cd5,'k','linewidth',2.2);
ylabel('cd5','fontsize',14);
axis tight;
box off;
%%
% ------------- 压制地铁噪声对 cd1/cd2/cd3 的系数进行压制
c(907:1492) = c(907:1492)/10; % cd1
c(481:767) = c(481:767)/10; % cd2
c(261:399) = c(261:399)/8; % cd3
```

```
ca5 = appcoef(c,l,'sym6',5);                    % 提取第 5 层系数
a5 = wrcoef('a',c,l,'sym6',5);                  % 用第 5 层系数重构的信号分量
ca4 = appcoef(c,l,'sym6',4);
a4 = wrcoef('a',c,l,'sym6',4);
ca3 = appcoef(c,l,'sym6',3);
a3 = wrcoef('a',c,l,'sym6',3);
ca2 = appcoef(c,l,'sym6',2);
a2 = wrcoef('a',c,l,'sym6',2);
ca1 = appcoef(c,l,'sym6',1);
a1 = wrcoef('a',c,l,'sym6',1);
% 提取各层的高频系数并进行重构
cd5 = detcoef(c,l,5);d5 = wrcoef('d',c,l,'sym6',5);
cd4 = detcoef(c,l,4);d4 = wrcoef('d',c,l,'sym6',4);
cd3 = detcoef(c,l,3);
d3 = wrcoef('d',c,l,'sym6',3);
cd2 = detcoef(c,l,2);
d2 = wrcoef('d',c,l,'sym6',2);
cd1 = detcoef(c,l,1);
d1 = wrcoef('d',c,l,'sym6',1);
% ----------------------------------------------------------
% --------- 画出压制三层高频系数后的各层的低频及高频系数
figure(3)
subplot(5,2,1);plot(ca1,'k','linewidth',2.2);
ylabel('ca1','fontsize',14);
axis tight;
box off;
subplot(5,2,2);plot(cd1,'k','linewidth',2.2);
ylabel('cd1','fontsize',14);
axis tight;
box off;
subplot(5,2,3);plot(ca2,'k','linewidth',2.2);
ylabel('ca2','fontsize',14);
axis tight;
box off;
subplot(5,2,4);plot(cd2,'k','linewidth',2.2);
ylabel('cd2','fontsize',14);
axis tight;
box off;
subplot(5,2,5);plot(ca3,'k','linewidth',2.2);
ylabel('ca3','fontsize',14);
axis tight;
box off;
subplot(5,2,6);plot(cd3,'k','linewidth',2.2);
ylabel('cd3','fontsize',14);
axis tight;
box off;
subplot(5,2,7);plot(ca4,'k','linewidth',2.2);
ylabel('ca4','fontsize',14);
axis tight;
box off;
subplot(5,2,8);plot(cd4,'k','linewidth',2.2);
```

```
ylabel('cd4','fontsize',14);
axis tight;
box off;
subplot(5,2,9);plot(ca5,'k','linewidth',2.2);
ylabel('ca5','fontsize',14);
axis tight;
box off;
subplot(5,2,10);plot(cd5,'k','linewidth',2.2);
ylabel('cd5','fontsize',14);
axis tight;
box off;
%%
% --------用压制后的系数重构信号
s11 = waverec(c,l,'sym6');
figure(4)
subplot(211),plot(h,s1,'k','linewidth',2.2);
x = [0,3,6,9,12,15,18,21,24];                          %要标注的时间
set(gca,'Xtick',x);                                     %通过句柄绘图设置要标注的时间位置
set(gca,'Xticklabel',{'0','3','6','9','12','15','18','21','24'});
                                                        %通过句柄绘图,设置 x 轴标度的显示方式
ylabel('s1','fontsize',14);
xlabel('h ','fontsize',14);
ylim([25 52]);
axis tight;
box off;
subplot(212),plot(h,s11,'k','linewidth',2.2);
x = [0,3,6,9,12,15,18,21,24];                          %要标注的时间
set(gca,'Xtick',x);                                     %通过句柄绘图设置要标注的时间位置
set(gca,'Xticklabel',{'0','3','6','9','12','15','18','21','24'});
                                                        %通过句柄绘图,设置 x 轴标度的显示方式
ylabel('s11','fontsize',14);
xlabel('h ','fontsize',14);
axis tight;
ylim([25 52]);
box off;
%%
s1_260 = s1(1:260);
s11_260 = s11(1:260);
xcorr_s1_s11 = corrcoef(s1_260,s11_260);
```

程序运行结果如图 21-8～图 21-11 所示。其中，图 21-8 所示为仪器记录的原始数据。图 21-9 所示为采用 sym6 小波对数据进行的 5 层分解系数，从中可以看出，地铁高频干扰主要集中在第一层至第三层的高频系数中。图 21-10 所示为压制第一层至第三层高频系数后的低频系数和高频系数。图 21-11 所示为采用压制后的系数重构信号与原始信号的对比，分别取两个信号前 260 个数据（没有地铁干扰的信号）作相关，得到相关系数是 1，因此可以认为小波方法对于去除地铁干扰能起到较好的效果。

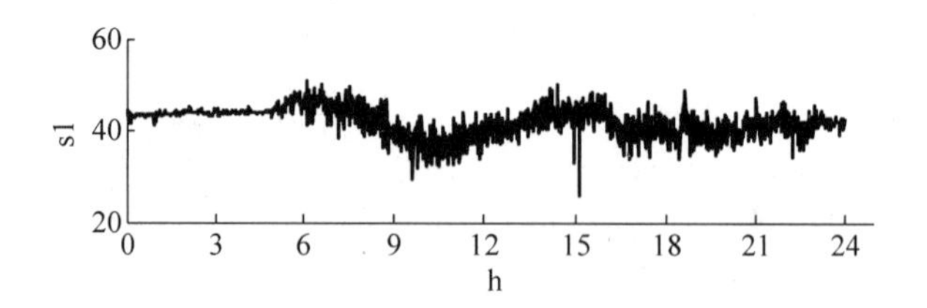

图 21-8　天津宝坻地震台 2012 年 9 月 1 日原始数据

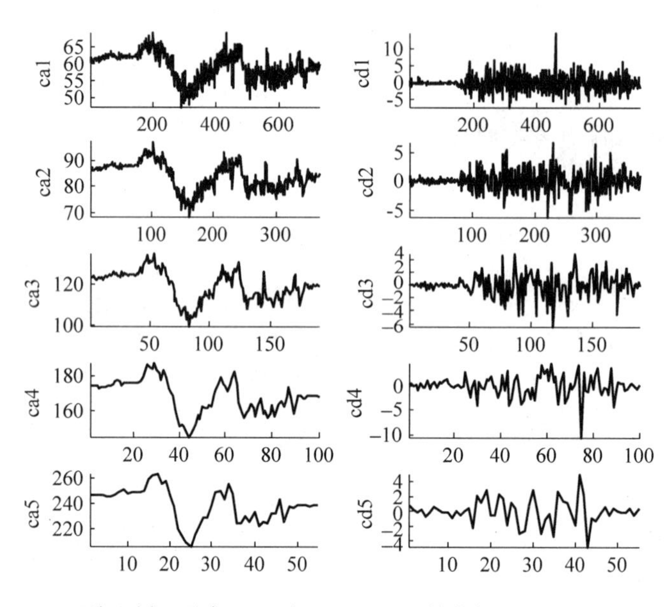

图 21-9　天津宝坻地震台 2012 年 9 月 1 日原始数据的小波 5 层分解系数

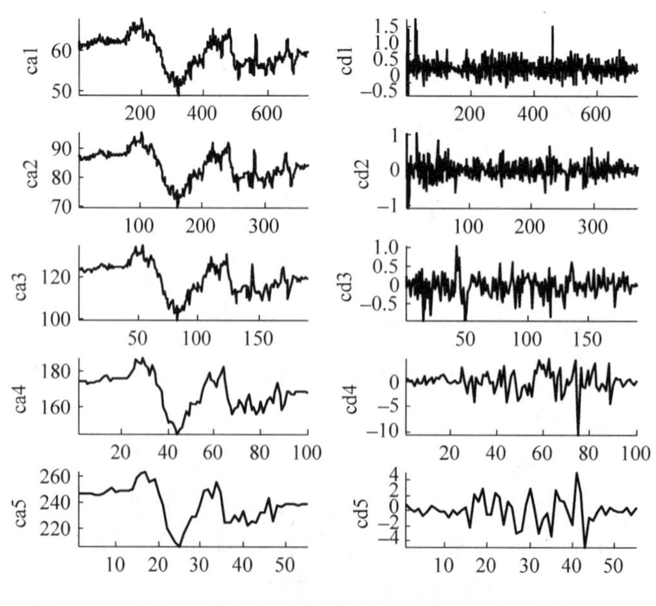

图 21-10　压制三层高频系数后各层的低频系数和高频系数

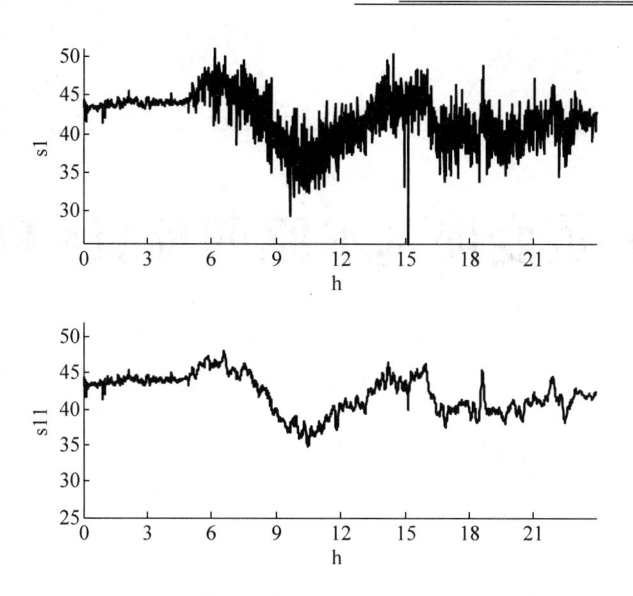

图 21-11　原始信号与压制系数后的重构信号

实验二十二

希尔伯特-黄变换基本原理及MATLAB仿真

一、实验目的

(1) 通过学习希尔伯特-黄变换(Hilbert-Huang transform,HHT)方法原理,达到提高学生自主学习能力的目的;

(2) 通过构建理论信号对HHT程序进行测试,保证程序计算结果正确;

(3) 查阅资料,了解地铁噪声对地电数据的强干扰影响;

(4) 尝试采用HHT程序对噪声进行滤波。

二、实验原理

1. HHT简介

1998年美国工程院院士N. E. Huang(黄锷,中国台湾海洋学家)等人提出了一种信号分析方法,即希尔伯特-黄变换。

HHT方法具有方法简单性、直观合理和高效性、自适应性、完备性及可重构性、正交性和良好的时频聚集性等特点,在生物医学、地震工程学以及经济学等各学科得到广泛应用。不论在国际或国内,对这种在信号分析处理中取得突破的方法,各领域学者专家纷纷从不同角度展开了研究。

2. HHT理论分析

希尔伯特-黄变换是由两部分组成的时频分析技术,包括经验模态分解(empirical mode decomposition,EMD)和希尔伯特变换(Hilbert transform)。

HHT处理非平稳信号的基本过程是:首先利用EMD方法将给定的信号分解为一系列的本征模态函数(intrinsic mode function,IMF),这些IMF是满足一定条件的分量;然后对每一个IMF进行Hilbert变换得到相应的Hilbert谱,这样得到的Hilbert谱能分别描述每个随着时间变化的瞬时信号。

1）Hilbert 变换

希尔伯特变换可以将实信号转变为解析信号，是信号分析技术中很重要的一部分，在地震勘探当中利用 Hilbert 变换得到的地震数据瞬时振幅、瞬时相位和瞬时频率属性已经广泛应用。

希尔伯特变换的单位冲激响应及频率响应见式(22-1)、式(22-2)及式(22-3)。

$$h_{\mathrm{H}}(t)=\frac{1}{\pi t}\longleftrightarrow H_{\mathrm{H}}(\mathrm{j}\omega)=-\mathrm{j}\operatorname{sgn}(\omega)=\begin{cases}-\mathrm{j}, & \omega\geqslant 0\\ +\mathrm{j}, & \omega<0\end{cases}\tag{22-1}$$

$$|H(\omega)|=1\tag{22-2}$$

希尔伯特变换相当于一个正交滤波器，其振幅及相位如图 22-1 所示。

$$\varphi(\omega)=\begin{cases}-\dfrac{\pi}{2}, & \omega\geqslant 0\\ +\dfrac{\pi}{2}, & \omega<0\end{cases}\tag{22-3}$$

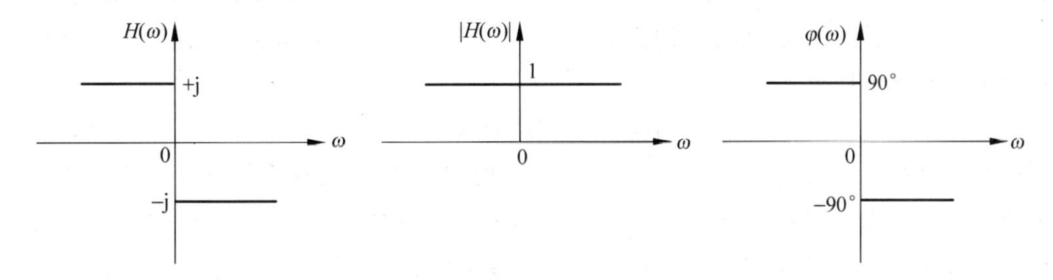

图 22-1　希尔伯特滤波器的频率响应、幅频响应及相频响应

由此可知一个信号经过 Hilbert 变换后相位移动 90°，故 Hilbert 变换又称为 90°相移滤波器或垂直滤波器。

对于任意一个时间序列 $X(t)$，都能得到它的 Hilbert 变换结果为 $Y(t)$，即

$$Y(t)=\frac{1}{\pi}\int_{-\infty}^{\infty}\frac{X(\tau)}{t-\tau}\mathrm{d}\tau\tag{22-4}$$

希尔伯特逆变换为

$$X(t)=H^{-1}[Y(t)]=-\frac{1}{\pi t}*Y(t)=-\frac{1}{\pi}\int_{-\infty}^{\infty}\frac{Y(\tau)}{t-\tau}\mathrm{d}\tau\tag{22-5}$$

解析信号 $Z(t)$的表达式为

$$Z(t)=X(t)+\mathrm{j}Y(t)=a(t)\mathrm{e}^{\mathrm{j}\theta(t)}\tag{22-6}$$

式中，$a(t)$和 $\theta(t)$分别为信号 $X(t)$的瞬时振幅和瞬时相位，

$$a(t)=\sqrt{X^2(t)+Y^2(t)}\tag{22-7}$$

$$\theta(t)=\arctan\frac{Y(t)}{X(t)}\tag{22-8}$$

对瞬时相位求导，可以得到信号的瞬时频率

$$\omega(t)=\frac{\mathrm{d}\theta(t)}{\mathrm{d}t}\tag{22-9}$$

式中，a 和 ω 不是常数，而是时间的函数，因此 Hilbert 谱能够刻画一个数据序列在时间上的

变化规律。

2) EMD 分解方法

EMD 方法假设任何信号都由不同的本征模态函数(IMF)组成,每个 IMF 可以是线性的,也可以是非线性的,IMF 分量必须满足下面两个条件(即 EMD 分解的终止条件):①极值点数目和过零点数目相等或最多相差 1 个;②在任意点处,由局部极大值点和极小值点构成的两条包络线平均值为 0。这样任何一个信号就可以分解为有限个 IMF 之和。

分解过程基于以下假设:①信号最少有一个极大值和一个极小值;②时域特性由极值间隔决定;③如果数据序列完全缺乏极值但是仅包含拐点,那么它也可通过求导一次或多次来揭示极值点,而最终结果可以由这些成分求积分来获得。它是由一个“筛选”过程完成的,具体方法如下。

(1) 首先找出数据 $s(t)$所有的极大值点,并将其用三次样条函数拟合成原数据序列的上包络线,查找所有的极小值点并将其用三次样条函数拟合成原数据序列的下包络线。

(2) 计算上下包络线的均值,记为 $m_1(t)$;将原数据序列 $s(t)$减去该均值即可得到一个去掉低频的新数据序列 $h_1(t)$:

$$s(t) - m_1(t) = h_1(t) \tag{22-10}$$

(3) 因为 $h_1(t)$一般仍不是一个 IMF 分量序列,为此需要对它重复进行上述处理过程。重复进行上述处理过程 k 次,直到 $h_1(t)$符合 IMF 的定义要求,所得到的均值趋于零为止,这样就得到了第 1 个 IMF 分量 $c_1(t)$,它代表信号 $s(t)$中最高频率的分量:

$$h_{1(k-1)}(t) - m_{1k}(t) = h_{1k}(t) \tag{22-11}$$

$$c_1(t) = h_{1k}(t) \tag{22-12}$$

(4) 将 $c_1(t)$从 $s(t)$中分离出来,则得到一个去掉高频分量的差值信号 $r_1(t)$,即有

$$r_1(t) = s(t) - c_1(t) \tag{22-13}$$

将 $r_1(t)$作为原始数据,重复步骤(1)、(2)和(3),得到第二个 IMF 分量 $c_2(t)$,重复 n 次,得到 n 个 IMF 分量。这样就有

$$\begin{cases} r_1(t) - c_2(t) = r_2(t) \\ \quad\quad\vdots \\ r_{n-1}(t) - c_n(t) = r_n(t) \end{cases} \tag{22-14}$$

当 $c_n(t)$或 $r_n(t)$满足给定的终止条件(通常使 $r_n(t)$成为一个单调函数)时,循环结束,由式(22-13)和式(22-14)可得

$$s(t) = \sum_{j=1}^{n} c_j(t) + r_n(t) \tag{22-15}$$

其中,$r_n(t)$为残余函数,代表信号的平均趋势。而各个 IMF 分量 $c_1(t),c_2(t),\cdots,c_n(t)$分别包含了信号不同时间特征尺度大小的成分,其尺度依次由小到大。因此,各分量也就相应地包含了从高到低不同频率段的成分,每一个频率段所包含的频率成分都是不同的,且随信号本身的变化而变化。

根据上述 EMD 分解过程,给出 HHT 计算机实现流程图,如图 22-2 所示。

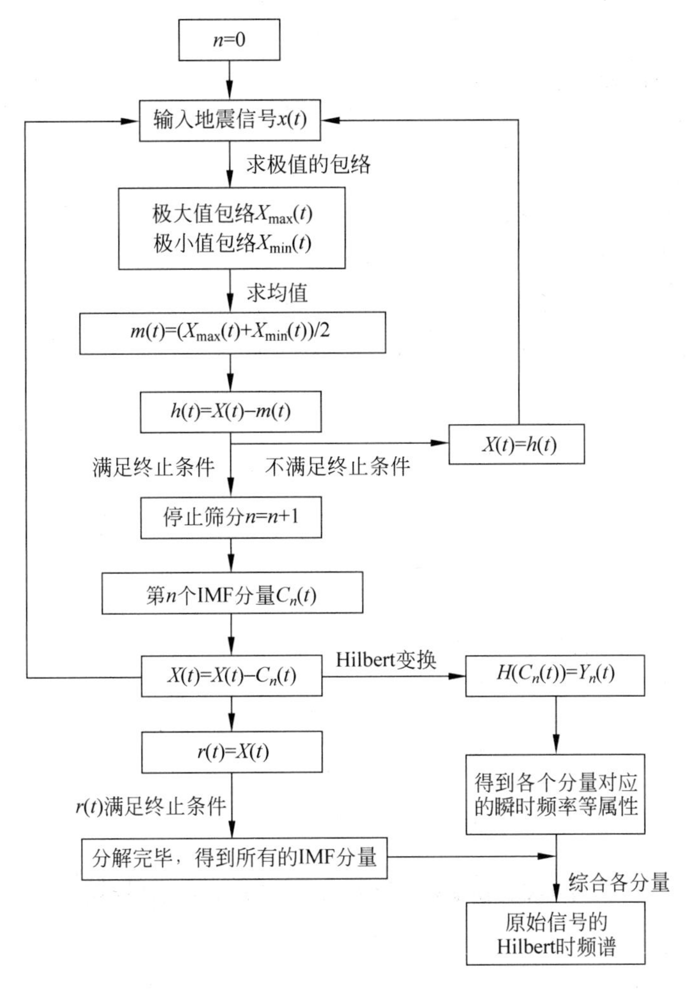

图 22-2　HHT 的计算流程

三、设计理论信号试算分析

1. 构造含噪信号

程序如下：

```
%Lab22_1.m
clear all
a = 1;t0 = 300;N = 1000;fs = 1;
t = (1:1:N);
x0 = (1 - ((t - t0)/a).^2). * exp( - ((t - t0)/a).^2/2)/a;
a1 = 4;t1 = 500;
x1 = 10 * (1 - ((t - t1)/a1).^2). * exp( - ((t - t1)/a1).^2/2)/a1;
figure(1)
subplot(411),plot(x0 + x1,'k','linewidth',2.2);
f = 0.001;
ylabel('x0 + x1','fontsize',14);
```

```
box off;
x2 = 5 * cos(2 * pi * f * t);
subplot(412),plot(x2,'k','linewidth',2.2);
ylabel('x2','fontsize',14);
box off;
x3 = 0.02 * randn(1,N);
subplot(413),plot(x3,'k','linewidth',2.2);
ylabel('x3','fontsize',14);
box off;
% x = x0 + x1 + x2 + x3;
x = x0 + x1 + x2 + x3;
subplot(414),plot(x,'k','linewidth',2.2);
ylabel('x','fontsize',14);
box off;
xlabel('t','fontsize',18)
```

程序运行结果如图 22-3 所示。

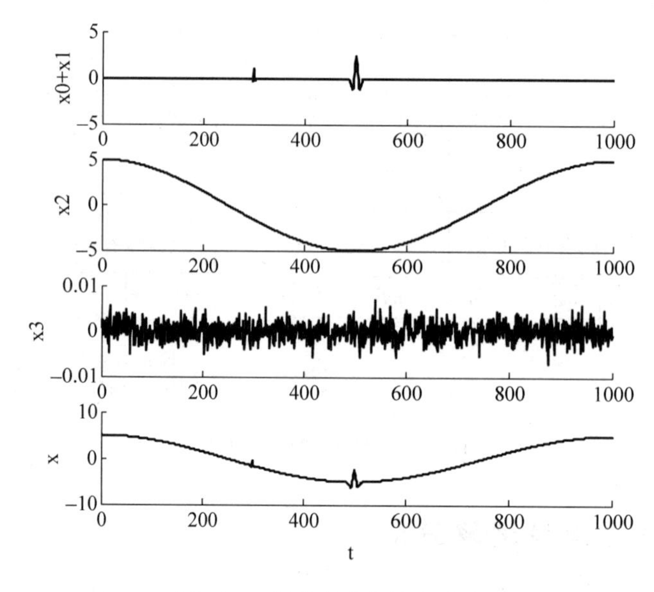

图 22-3　原始理论信号波形图

2. 对含噪信号进行 EMD 分解

程序如下：

```
% Lab22_2.m
imf = eemd(x,0.002,1);
figure
subplot(211),plot(imf(:,2) + imf(:,3) + imf(:,4)  + imf(:,5));
subplot(212),plot(imf(:,6)  + imf(:,7)  + imf(:,8) + imf(:,9) + imf(:,10));
```

运行程序可得结果如图 22-4 所示。

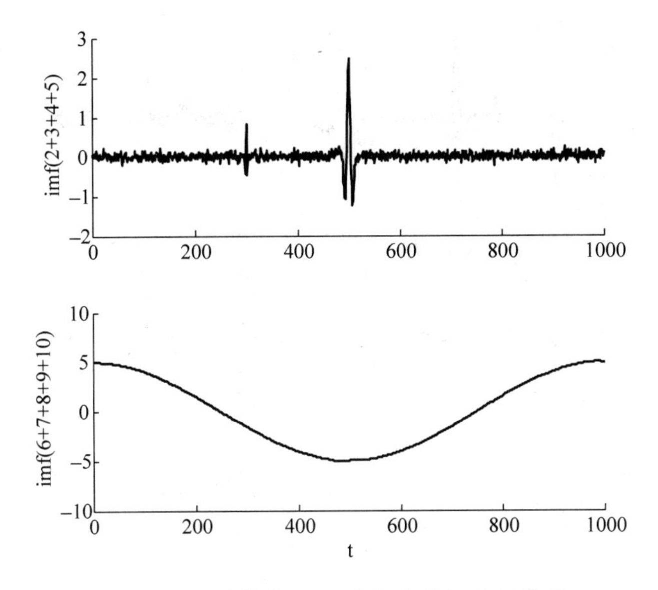

图 22-4　弱噪信号 EMD 分解的重组 IMF 分量

3. 计算各个 IMF 的瞬时振幅、瞬时频率

程序如下：

```
%%
x = imf';
[m,n] = size(x);
figure(2)
for i = 2:m - 1
intmag = abs(hilbert(x(i + 1,:)));
subplot(4,2,i - 1),plot(intmag,'k','linewidth',2.2);
ylabel('intmag','fontsize',14);
set(gca,'fontsize',14)
box off;
end
xlabel('t','fontsize',14);
%%
[A1,fh1,th1]  =  hhspectrum(imf);
[E,tt1,ff1] = toimage(A1,fh1);
[m,n] = size(fh1);
figure(3)
for i = 1:n
subplot(4,2,i),plot(fh1(:,i),'k','linewidth',2.2);
ylabel('intfrq','fontsize',14);
set(gca,'fontsize',14)
box off;
end
xlabel('f','fontsize',14);
```

程序运行结果如图 22-5 和图 22-6 所示。

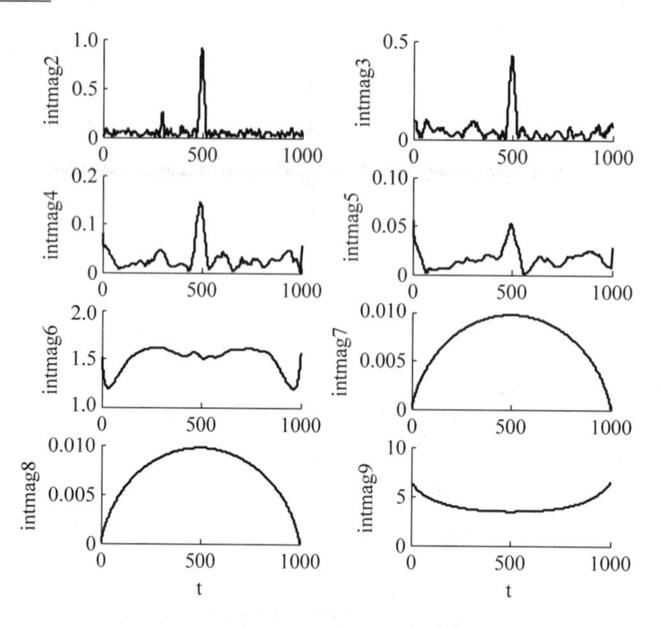

图 22-5　弱噪信号各 IMF 分量的瞬时振幅

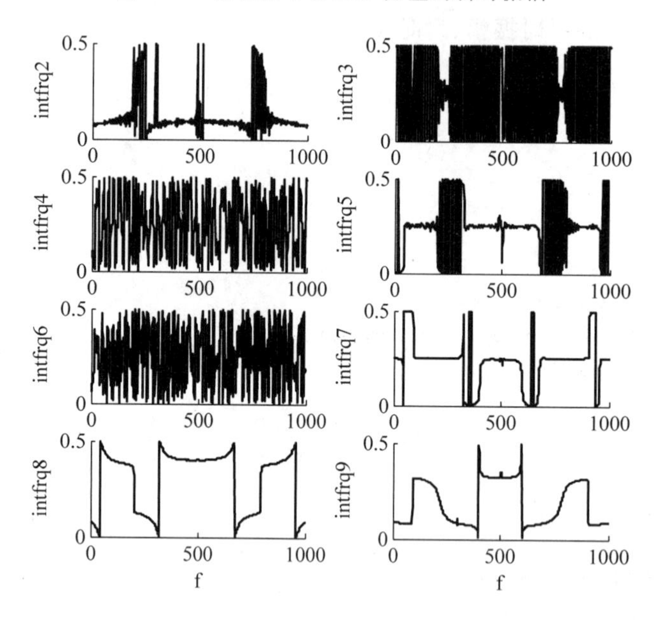

图 22-6　弱噪信号各 IMF 分量的瞬时频率

4. 计算 Hilbert 边际谱

程序如下：

```
figure(4)
pcolor(tt1,ff1,abs(E));
shading interp;
colorbar;
ylabel('t','fontsize',14);
xlabel('f','fontsize',14);
box off;
```

程序运行结果如图 22-7 所示。

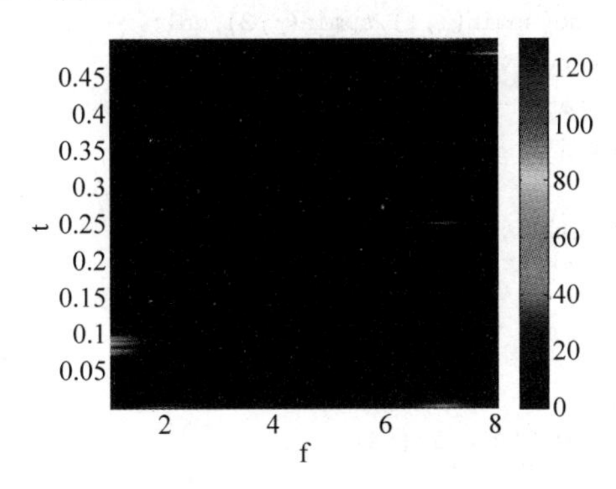

图 22-7　弱噪信号各 IMF 分量的瞬时振幅

上述程序所调用子程序代码如下：

```
function allmode = eemd(Y,Nstd,NE)
xsize = length(Y);
dd = 1:1:xsize;
Ystd = std(Y);
Y = Y/Ystd;

TNM = fix(log2(xsize)) - 1;
TNM2 = TNM + 2;
for kk = 1:1:TNM2,
    for ii = 1:1:xsize,
        allmode(ii,kk) = 0.0;
    end
end

for iii = 1:1:NE,
    for i = 1:xsize,
        temp = randn(1,1) * Nstd;
        X1(i) = Y(i) + temp;
    end

    for jj = 1:1:xsize,
        mode(jj,1) = Y(jj);
    end

    xorigin = X1;
    xend = xorigin;

    nmode = 1;
    while nmode <= TNM,
        xstart = xend;
        iter = 1;

        while iter <= 10,
            [spmax, spmin, flag] = extrema(xstart);
```

```
            upper = spline(spmax(:,1),spmax(:,2),dd);
            lower = spline(spmin(:,1),spmin(:,2),dd);
            mean_ul = (upper + lower)/2;
            xstart = xstart - mean_ul;
            iter = iter +1;
        end
        xend = xend - xstart;

        nmode = nmode + 1;

        for jj = 1:1:xsize,
            mode(jj,nmode) = xstart(jj);
        end
    end

    for jj = 1:1:xsize,
        mode(jj,nmode + 1) = xend(jj);
    end

    allmode = allmode + mode;

end

allmode = allmode/NE;
allmode = allmode * Ystd;

function [A,f,tt] = hhspectrum(x,t,l,aff)

error(nargchk(1,4,nargin));

if nargin < 2

  t = 1:size(x,2);

end

if nargin < 3

  l = 1;

end

if nargin < 4

  aff = 0;

end

if min(size(x)) == 1
    if size(x,2) == 1
        x = x';
```

```
        if nargin < 2
            t = 1:size(x,2);
        end
    end
    Nmodes = 1;
else
    Nmodes = size(x,1);
end

lt = length(t);

tt = t((1+1):(lt-1));

for i = 1:Nmodes

  an(i,:) = hilbert(x(i,:)')';
  f(i,:) = instfreq(an(i,:)',tt,1)';
  A = abs(an(:,1+1:end-1));

  if aff
    disprog(i,Nmodes,max(Nmodes,100))
  end

end

function [im,tt,ff] = toimage(A,f,varargin)
DEFSPL = 400;
error(nargchk(2,5,nargin));
switch nargin
  case 2
    t = 1:size(A,2);
    sply = DEFSPL;
    splx = length(t);
  case 3
    if isscalar(varargin{1})
      t = 1:size(A,2);
      splx = length(t);
      sply = varargin{1};
    else
      t = varargin{1};
      splx = length(t);
      sply = DEFSPL;
    end
  case 4
    if isscalar(varargin{1})
      t = 1:size(A,2);
      sply = varargin{1};
      splx = varargin{2};
    else
      t = varargin{1};
      sply = varargin{2};
```

```
        splx = length(t);
      end
    case 5
      t = varargin{1};
      splx = varargin{2};
      sply = varargin{3};
end
if isvector(A)
  A = A(:)';
  f = f(:)';
end
if issparse(A) || ~isreal(A) || length(size(A)) > 2
  error('A argument must be a real matrix')
end
if issparse(f) || ~isreal(f) || length(size(f)) > 2
  error('f argument must be a real matrix')
end
if any(size(f)~ = size(A))
  error('A and f matrices must have the same size')
end
if issparse(t) || ~isreal(t) || ~isvector(t) || length(t)~ = size(A,2)
  error('t argument must be a vector and its length must be the number of columns in A and f
inputs')
end
if ~isscalar(splx) || ~isreal(splx) || splx ~ = floor(splx) || splx <= 0
  error('splx argument must be a positive integer')
end
if ~isscalar(sply) || ~isreal(sply) || sply ~ = floor(sply) || sply <= 0
  error('splx argument must be a positive integer')
end

if any(diff(diff(t))) && splx ~ = length(t)
  warning('toimage:nonuniformtimeinsants','When splx differs from length(t), the function only
works for equally spaced time instants. You may consider reformating your data (using e. g.
interpolation) before using toimage. ')
end

f = min(f,0.5);
f = max(f,0);

indf = round(2 * f * (sply - 1) + 1);
indt = repmat(round(linspace(1,length(t),splx)),size(A,1),1);
im = accumarray([indf(:),indt(:)],A(:),[sply,splx]);

indt = indt(1,:);
tt = t(indt);
ff = (0:sply - 1) * 0.5/sply + 1/(4 * sply);

end
```

参考文献

[1] 万永革.数字信号处理的 MATLAB 实现[M].北京：科学出版社，2007.

[2] 程乾生.数字信号处理[M].北京：北京大学出版社，2010.

[3] 程佩青.数字信号处理教程[M].北京：清华大学出版社，2013.

[4] 张贤达.现代数字信号处理[M]. 北京：清华大学出版社，2002.

[5] 李益华，孟志强.MATLAB 辅助现代工程数字信号处理[M].西安：西安电子科技大学出版社，2010.

[6] 李莉.数字信号处理实验教程[M].北京：清华大学出版社，2015.

[7] 宋宇飞.数字信号处理实验与学习指导[M].北京：清华大学出版社，2012.

[8] 刘舒帆，费诺，陆辉.数字信号处理实验(MATLAB 版)[M]. 西安：西安电子科技大学出版社，2008.

[9] 王永玉，孙衢.数字信号处理及应用实验教程与习题解答[M].北京：北京邮电大学出版社，2009.

[10] 史洁玉.MATLAB 信号处理超级学习手册[M].北京：人民邮电出版社，2014.

[11] 奥本汉姆 A V.离散时间信号处理[M].刘树棠，黄建国，译.西安：西安交通大学出版社，2001.

[12] 维纳・K.英格尔，约翰・G.普罗克斯.数字信号处理(MATLAB 版)[M].刘树棠，译.西安：西安交通大学出版社，2008.

[13] 罗伯特・J.希林，桑德拉・L.哈里斯.数字信号处理导论[M].殷勤业，王文杰，邓科，等译.西安：西安交通大学出版社，2014.

[14] 丛玉良，等.数字信号处理原理及其 MATLAB 实现[M].北京：电子工业出版社，2015.

[15] 周伟.基于 MATLAB 的小波分析应用[M].西安：西安电子科技大学出版社，2010.

[16] JOHN G. Proakis. Digital Signal Processing[M]. 北京：电子工业出版社，2013.

[17] INGLE V K，PROAKIS J G. Digital Signal Processing using MATLAB[M]. 北京：科学出版社，2012.